Saulo Barbará e Jorge Soares (Orgs.)
Jorge Widmar
Elcio Pineschi

SÉRIE MAINFRAMES

Introdução à Arquitetura de Mainframe e ao Sistema Operacional z/OS

Introdução à Arquitetura de Mainframe e ao Sistema Operacional z/OS

Copyright© Editora Ciência Moderna Ltda., 2010.
Todos os direitos para a língua portuguesa reservados pela EDITORA CIÊNCIA MODERNA LTDA.
De acordo com a Lei 9.610, de 19/2/1998, nenhuma parte deste livro poderá ser reproduzida, transmitida e gravada, por qualquer meio eletrônico, mecânico, por fotocópia e outros, sem a prévia autorização, por escrito, da Editora.

Editor: Paulo André P. Marques
Produção Editorial: Camila Cabete Machado
Copidesque: Sheila Mendonça
Capa: Márcio Carvalho
Diagramação: Abreu's System
Assistente Editorial: Aline Vieira Marques

Várias **Marcas Registradas** aparecem no decorrer deste livro. Mais do que simplesmente listar esses nomes e informar quem possui seus direitos de exploração, ou ainda imprimir os logotipos das mesmas, o editor declara estar utilizando tais nomes apenas para fins editoriais, em benefício exclusivo do dono da Marca Registrada, sem intenção de infringir as regras de sua utilização. Qualquer semelhança em nomes próprios e acontecimentos será mera coincidência.

FICHA CATALOGRÁFICA

BARBARÁ, Saulo; SOARES, Jorge; WIDMAR, Jorge; PINESCHI, Elcio
Introdução à Arquitetura de Mainframe e ao Sistema Operacional z/OS
Rio de Janeiro: Editora Ciência Moderna Ltda., 2010

1. Informática
I — Título

ISBN: 978-85-7393-887-6　　　　　　　　　　CDD　001.642

Editora Ciência Moderna Ltda.
R. Alice Figueiredo, 46 – Riachuelo
Rio de Janeiro, RJ – Brasil　CEP: 20.950-150
Tel: (21) 2201-6662 / Fax: (21) 2201-6896
LCM@LCM.COM.BR
WWW.LCM.COM.BR

Organizadores e Autores

Organizadores

O presente livro faz parte de uma série de trabalhos sobre mainframes a serem publicados no Brasil, um dos produtos do Curso de Pós-graduação em Suporte Tecnológico para Mainframe, do Centro Universitário da Cidade do Rio de Janeiro (UniverCidade), em parceria com a IBM Brasil. O principal objetivo da série é facilitar o acesso, em português, ao material sobre mainframes em nível introdutório abordando os conceitos e fundamentos de disciplinas correlatas ao tema.

Saulo Barbará de Oliveira

Administrador de Empresas, analista de sistemas e professor. Doutor em Engenharia de Produção pela COPPE-UFRJ. Professor da Fundação Getúlio Vargas (convidado), da Universidade Estácio de Sá e do Centro Universitário da Cidade do Rio de Janeiro em cursos de graduação e Pós-graduação de Administração e Tecnologia de Informação. Membro do Laboratório de Sistemas Avançados da Gestão da Produção (UFRJ/COPPE/SAGE). Especialista das áreas de TI, gestão de processos e sistemas de garantia da qualidade. saulobarbara@gmail.com

Jorge de Abreu Soares

Bacharel em Informática, Mestre e Doutor em Engenharia de Sistemas e Computação pela Universidade Federal do Rio de Janeiro. Atualmente é professor da Universidade do Estado do Rio de Janeiro – UERJ e do Centro Federal de Educação Tecnológica Celso Suckow da Fonseca – CEFET/RJ. Tem experiência na área de Ciência da Computação, com ênfase em Banco de Dados e Inteligência Computacional, atuando principalmente nos seguintes temas: bancos de dados, mineração de dados, e inteligência computacional. jorge@pobox.com

Autores

Elcio José Pineschi

Engenheiro de Sistemas e Computação pela Universidade do Estado do Rio de Janeiro (UERJ) com especialização em Telecomunicações pela Universidade Federal Fluminense (UFF) e mestrado em Engenharia de Sistemas e Computação pela Universidade Federal do Rio de Janeiro (COPPE/UFRJ). Atualmente é Analista de Suporte Mainframe na Caixa Econômica Federal e professor do curso de pós-graduação em Suporte Tecnológico para Mainframes da UniverCidade. epineschi@uol.com.br

Jorge Widmar

Engenheiro Mecânico pela UFRJ, e MBA Executivo pela Coppead. Desde 1983, Analista de Suporte especilista em Sistemas Operacionais e Sistemas de Transações Real Time. Membro do ALCS/TPF Lab da IBM. Professor (convidado) da UniverCidade em cursos de Pós-graduação Introdução aos Mainframes. widmar@br.ibm.com

Dedicatórias

"Dedico este livro às minhas amadas filhas Maria Carolina e Ana Júlia; ao meu estimado enteado Bruno e à minha querida esposa Márcia."

Jorge Widmar

"Para a minha família e meus amigos, em especial a pequena Beatrice, sem a qual escrever este livro teria sido insuportavelmente mais fácil".

Elcio José Pineschi

Agradecimentos

Agradecimentos à Diana Girard Nakajima e ao Luis Tosta de Sá, ambos profissionais da área de mainframes, pela leitura atenta e sugestões de melhorias do presente livro.

Prefácio

A Era dos Mainframes

Os computadores de grande porte, comumente conhecidos por mainframes, já tiveram a sua Era Áurea. Foi numa época não muito distante, onde estes dominavam o mundo do processamento de informação, acerca de três décadas, quando falar em computadores era o mesmo do que falar em mainframes, pois estes eram os únicos da sua espécie. Nesta época, cerca de cinco grandes fabricantes competiam no mundo inteiro pelos raros compradores.

A microinformática, que apareceu por volta dos anos 80, mas só ganhou importância e destaque uns 12 a 15 anos depois, aproximadamente em meados da década de 80, mas de forma mais marcante no início da década de 90, junto com o advento da computação em rede e o paradigma cliente-servidor, e fez mudar as coisas, tornando-se popular e assumindo posições até então exclusiva dos mainframes. Assim, os usuários da informática passaram a ter uma alternativa de escolha de menor custo, mais fácil de usar e que ocupava menos espaço de instalação.

A microinformática não chegava a ser uma alternativa para todos os problemas de processamento de dados e informações. Mas constituía uma oportunidade de racionalizar os gastos optando-se por outras plataformas tecnológicas de menor custo e na medida mais conveniente para a pequena e média empresa. Então, o passo seguinte foi a corrida pelo que ficou conhecido como *downsizing*. Os artigos, palestras, seminários e congressos de informática sobre o assunto proliferaram. Só se ouvia falar das vantagens do "downsizing", o que contribuiu para a busca exagerada da redução dos custos de aluguel de equipamentos e *softwares*. As desvantagens da migração dos sistemas para a baixa arquitetura vieram somente após as experiências adquiridas, quando uma série de problemas passou a ser conhecida. Mas os fornecedores de solução da baixa arquitetura, talvez prevendo os futuros impactos e tentando minimizar os problemas introduziram outra opção no mercado e que passou a ser conhecida como "Rightsizing". Para eles, o "rightsizing" seria a medida certa para a solução dos seus problemas de processamento de dados e informações. E mais uma vez os usuários partiram para esta solução. Quando perceberam que nem todos os custos desta solução eram conhecidos, já haviam gastado muito mais do haviam previsto e o fim dos gastos não estava ainda claro.

Com a experiência ficou mais fácil de perceber que a baixa arquitetura não é uma solução para todos os problemas de informática, assim também como os mainframes não se aplicam a tudo.

Atualmente, sabe-se que boa parte das soluções de Tecnologia de Informação e Comunicação vem da combinação de uso de ambas as arquiteturas. Há, no entanto, casos em que a micro-informática é a melhor opção de escolha, bem como em outros apenas a alta arquitetura pode resolver.

Contudo, até hoje os mainframes não readquiriram a fama perdida. Embora ainda bastante usados, os mainframes assumem papéis muito importantes, mas como em uma peça de teatro estão por trás dos bastidores.

Isso tem criado problemas para a área de tecnologia. Uma vez que, sendo pouco conhecidos, não despertam a atenção dos profissionais para as oportunidades de carreira desta área. E, embora representem oportunidades de trabalho com a percepção de melhores salários do que a área de micro-informática, poucos são os indivíduos que atentam para esta realidade de mercado. A questão do custo da solução é, sem dúvida, outro entrave para a sua adoção.

Ciente deste problema, o Centro Universitário da Cidade (UniverCidade), em parceria com a IBM do Brasil, lançou em maio deste ano um curso de Pós-graduação em Suporte Tecnológico para Mainframes, uma iniciativa pioneira na América Latina, cujo objetivo é preparar profissionais para atuarem nesta área tão carente de técnicos especializados, bem como criar espaço para a divulgação e promoção desta arquitetura.

Dessa forma, além do curso que se encontra em pleno andamento, outro produto desta iniciativa pioneira é a publicação de material especializado, visando contribuir para suprir a carência de literatura desta área no idioma português.

Saulo Barbará de Oliveira e Jorge Soares
Rio de Janeiro, novembro de 2008.

Apresentação

Uma recente conversa com um colega meu, CIO de uma grande corporação, foi emblemática da percepção de muitos executivos quanto *aos mainframes*. Ele, como muitos outros profissionais, é da geração formada durante o movimento de *downsizing*, que consagrou o modelo cliente-servidor e que considerava "politicamente correto" desligar o mainframe. Nesta época, no início dos anos 90, todo e qualquer projeto de consultoria recomendava a mesma coisa: troquem os "caríssimos *mainframes*" pelos baratos servidores distribuídos... Claro que muitas decisões de troca foram acertadas, mas muitas outras se revelaram inadequadas. O custo de propriedade dos ambientes distribuídos se mostrou muito mais caro que se imaginava.

Há tempos fiz um pequeno exercício onde analisei, informalmente, uma empresa que houvesse desligado o *mainframe* no início dos anos 90 e quanto gastou em TI com seu ambiente distribuído, considerando todos os fatores que envolvem o TCO (*Total Cost of Ownership*). Comparei com a alternativa de manter o mainframe (evoluindo com novos modelos) e claro, com um uso bem mais restrito de servidores distribuídos. O ambiente 100% distribuído consumiu em 15 anos mais dinheiro que a alternativa de se manter um ambiente misto.

É verdade que o custo de *hardware* há 15 anos atrás era destacadamente o maior do orçamento de TI. Hoje não é mais. Mas a percepção quanto ao *mainframe* continua. Fiquei surpreso em ver o quanto de desconhecimento da evolução dos *mainframes* ele tinha. E, tenho certeza, não é só ele... Para muitos o mainframe é apenas um velho repositório de aplicações Cobol e PL1, tripulado por profissionais à beira da aposentadoria.

Mas, a verdade é que no contexto atual, o movimento de consolidação e virtualização dos *data centers*, estão abrindo novas portas para o *mainframe*. O custo de propriedade para se gerenciar um parque de centenas ou milhares de servidores é altíssimo, acrescido agora dos crescentes gastos com energia, que vem aumentando ainda mais os *budgets* das áreas de TI. E os "*specialty engines*", o IFL *(Integrated Facility for Linux)*, o zAAP *(System z Application Assist Processor)* e o zIIP *(System z Integrated Information Processor)* têm aberto vários caminhos para tornar o *mainframe* a opção preferencial para o processamento de novos aplicativos! Estes processadores tiram a carga dos processadores principais, otimizando a capacidade computacional da máquina.

O IFL, por exemplo, surgiu em 2001 e é usado para consolidar centenas de servidores *Linux* distribuídos pelos cantos da empresa em uma única máquina. O *Linux* no *mainframe* consegue explorar todas as características únicas do hardware como sua reconhecida confiabilidade, construída por *features* como processadores redundantes, elevados níveis de detecção e correção de erros e conectividade inter-server de altíssima velocidade. O nível de disponibilidade do ambiente operacional do mainframe é muito maior que dos sistemas distribuídos. E abrir uma máquina virtual *Linux* em um *mainframe* leva alguns minutos, enquanto que comprar, instalar e configurar um servidor distribuído pode levar semanas.

O zAAP apareceu em 2004 e é orientado a rodar aplicações Java. Com este *engine*, as aplicações Java, que consomem muita CPU, são executadas fora dos processadores principais, os liberando para outras atividades. E o que é melhor, a aplicação não precisa ser alterada para rodar no zAAP. Um resultado positivo é a redução do número de *stacks* de programação TCP/IP, *firewalls* e interconexões físicas (e suas latências...) que são requeridas quando os servidores de aplicação e de data bases estão em máquinas separadas.

E o zIIP, que foi lançado em 2006, volta-se para o processamento de aplicações baseadas em banco de dados. O zIIP permite centralizar mais facilmente os dados no *mainframe*, diminuindo a necessidade de se ter múltiplas cópias espalhadas por dezenas de servidores. Com o zIIP o *mainframe* torna-se o *data hub* da empresa.

Bem, questionado quanto a citar alguns aspectos positivos da consolidação lembrei a ele: menos pontos de falha, eliminação da latência de rede, menos componentes de *hardware* e *software* para gerenciar, uso mais eficiente dos recursos computacionais, melhor gestão de cargas mistas batch e transacionais, maior facilidade de diagnósticos e determinação/correção de erros e *recovery/rollback* muito mais eficiente... O resultado? Um melhor custo de propriedade!

Interessante que uma vez criada uma percepção, torna-se difícil mudar as idéias. Olhar o *mainframe* sob outra ótica é uma mudança de paradigmas e mudar paradigmas não é fácil. Paradigma é como as pessoas veem o mundo, ele explica o próprio mundo e o torna mais compreensível e previsível. Mudar isso exige, antes de qualquer coisa, quebrar percepções arraigadas. E por que não repensar o *mainframe*?

Esta iniciativa conjunta da UniverCidade e da IBM para criar um curso de pós-graduação em mainframes está alinhado com a demanda de mercado. E um dos frutos desta iniciativa é este livro, que resume muito do conteúdo debatido nas aulas.

É, sem sombra de dúvidas, um excelente livro, com capítulos escritos por profissionais com ampla experiência no uso de *mainframes*, que vem preencher uma lacuna na bibliografia tecnológica. Todo e qualquer profissional de TI que esteja direta ou indiretamente envolvido com *mainframes* deve lê-lo. Terá muito a ganhar em informações úteis para sua carreira profissional!

Cezar Taurion
Gerente de Novas Tecnologias Aplicadas
IBM Brasil

Sumário

Parte 1
Introdução à Arquitetura de Mainframes

1. **Introdução à Arquitetura dos Mainframes** 3
   Primórdios do Mainframe 3
   Sistema S/360 4
   Capacidade... 5
   Escalabilidade 5
   Integridade e Segurança 5
   Disponibilidade 5
   Acesso a Grande Quantidade de Informação 6
   Gerenciamento de Sistema 6
   Processamento Batch e Processamento Online........................ 6

   1.1. COMPONENTES PRINCIPAIS DO MAINFRAME... 8
       1.1.1. Memória (Storage) 8
       1.1.2. Unidades de Processamento Central (CPU) 8
       1.1.3. Referência Externa de Tempo (ETR) 9
       1.1.4. Subsistema de Canal 9
       1.1.5. Unidades de I/O e Unidades de Controle................................. 9
       1.1.6. Recursos de Operador... 10

   1.2. MEMÓRIA (STORAGE).. 11
       1.2.1. Introdução.. 11
       1.2.2. Formatos de Informação... 13
           1.2.2.1. Instruções.. 13
           1.2.2.2. Números Binários 13

	1.2.2.3. Ponto-Fixo	13
	1.2.2.4. Decimal Compactado	13
	1.2.2.5. Decimal Zonado	14
	1.2.2.6. Caracteres	14
	1.2.2.7. Conclusão	14
1.2.3.	Endereço de Memória	14
	1.2.3.1. Endereço Absoluto	15
	1.2.3.2. Endereço Real	15
	1.2.3.3 Endereço Virtual	16
	1.2.3.4. Espaço de Endereçamento (Address Space)	16
	1.2.3.5. Tradução Dinâmica de Endereço (DAT)	16
	1.2.3.6. Paginação	16
	1.2.3.7. Modos de Endereçamento	17
1.2.4.	Proteção de Memória	18
	1.2.4.1. Chave de Proteção de Memória	18

1.3. CONTROLE 20

1.3.1.	Estado do Processador	20
1.3.2.	Palavra de Estado de Programa (PSW)	20
	1.3.2.1. DAT Mode Bit	21
	1.3.2.2. Bits de Máscaras de Interrupções	21
	1.3.2.3. Bit de Estado de Espera (Wait State)	22
	1.3.2.4. Bit Estado de Problema ou Supervisão (Problem/Supervisor State)	22
	1.3.2.5. Chave de Acesso à Memória (PSW Key)	22
	1.3.2.6. Código de Condição (Condition Code)	22
	1.3.2.7. Máscara do Programa (Program Mask)	22
	1.3.2.8. Bit de Modo de Endereçamento (Addressing Mode)	22
	1.3.2.9. Endereço da Instrução	22
1.3.3.	Registradores de Controle	22
1.3.4.	Trace	23
1.3.5.	Gravação de Evento de Programa (PER)	23
1.3.6.	Controle do Tempo	24
	1.3.6.1. TOD (Time of the Day) Clock	24
	1.3.6.2. Comparação de Tempo	25
	1.3.6.3. CPU Timer	25
1.3.7.	Carga Inicial de Programa (IPL)	25
1.3.8.	Sinalização entre Processadores	25

1.4. EXECUÇÃO DO PROGRAMA 26

1.4.1.	Instruções	26
1.4.2.	Formatos de Instrução	26

Sumário

    1.4.2.1. Formato Registrador e Registrador (RR) 27
    1.4.2.2. Formato Registrador e Memória Indexada (RX) 27
    1.4.2.3. Formato Registrador e Memória (RS) 27
    1.4.2.4. Formato Memória e Operando Imediato (SI) 28
    1.4.2.5. Formato Memória e Memória Indexada (SS) 28
  1.4.3. Geração de Endereço 28
    1.4.3.1. Geração de Endereço Sequencial de Instrução 28
    1.4.3.2. Geração de Endereço de Operando em Memória 29
    1.4.3.3. Geração de Endereço de Desvio (Branch Address) 30
  1.4.4. Tipos de Instruções 30
    1.4.4.1. Instruções Gerais ou de Ponto Fixo 30
    1.4.4.2. Instruções Decimais 31
    1.4.4.3. Instruções em Ponto Flutuante 31
    1.4.4.4. Instruções de Controle 31
  1.4.5. Interrupções 32
    1.4.5.1. Interrupções Externas 32
    1.4.5.2. Interrupções de I/O 33
    1.4.5.3. Interrupções de Verificação de Máquina
        (Machine Check) 33
    1.4.5.4. Interrupções de Programa 33
    1.4.5.5. Interrupções de Reinício (Restart) 34
    1.4.5.6. Interrupções de Supervisão (Supervisor Call) 34
1.5. MECANISMO DE INPUT/OUTPUT 35
  1.5.1. Subsistema de Canal 35
    1.5.1.1. Subcanal 35
    1.5.1.2. Caminho de Canal (Channel Path) 36
    1.5.1.3. Unidades de Controle 36
    1.5.1.4. Unidades de I/O 36
  1.5.2. Endereçamento do I/O 36
  1.5.3. Execução de Operação de I/O 37
    1.5.3.1 Iniciando a Operação de I/O 37
    1.5.3.2. Execução do Programa de Canal 37
    1.5.3.3. Palavra de Comando de Canal (CCW) 38
    1.5.3.4. Conclusão da Operação de I/O 38
  1.5.4. Instruções de I/O 38
1.6. RECURSOS DE OPERAÇÃO 39
1.7. CONFIGURAÇÕES 40
  1.7.1. Multiprogramação e Multiprocessamento 40
  1.7.2. Uniprocessador e Multiprocessador 41
  1.7.3. Particionamento 42
  1.7.4. Parallel Sysplex 42

1.8. ARQUITETURA Z (Z-ARCHITECTURE) E Z-SERIES 44
    1.8.1. Endereçamento em 64-Bit 44
    1.8.2. Processadores Especiais 45
        1.8.2.1. Processador IFL (Integrated Facility for Linux)............. 45
        1.8.2.2. Processador zAAP (Application Assist Processor)........... 46
        1.8.2.3. Processador zIIP (Integrated Information Processor)...... 46
    1.8.3. Backup de Capacidade – CBU (Capacity Backup)..................... 46

1.9. SISTEMAS OPERACIONAIS DE MAINFRAME 48
    1.9.1. MVS (Multiple Virtual System) 48
    1.9.2. TPF (Transaction Processing Facility) 49
    1.9.3. VM (Virtual Machine) 50

Parte 2
Introdução ao Sistema Operacional z/OS

2. **Histórico dos Sistemas Operacionais** 53
    2.1. Décadas de 40 e 50 – Os primeiros sistemas operacionais 53
    2.2. Década de 60 – O Sistema/360 54
    2.3. Década de 70 – O Sistema/370 58
    2.4. Década de 80 – S/370-XA e ESA/370 63
    2.5. Década de 90 – ESA/390 66
    2.6. De 2000 até o presente – Arquitetura Z 67
    2.7. Referências 70

3. **Estrutura do z/OS** 71
    3.1. Elementos e Componentes 71
    3.2. Núcleo e Servidores 72
        3.2.1. O Job Entry Subsystem (JES) 73
        3.2.2. Time Sharing Option (TSO) 74
        3.2.3. z/OS Unix 76
    3.3. Estrutura dos programas 77
        3.3.1. Reusabilidade 77
        3.3.2. Addressing Mode (AMODE) 78
        3.3.3. Residency Addressing Mode (RMODE) 78
        3.3.4. Authorized Program Facility (APF) 78
    3.4. Blocos de Controle 79
    3.5. Espaços de Endereçamento 80
    3.6. Unidades de Despacho 82
        3.6.1. Tasks 82
        3.6.2. Service Requests 83
        3.6.3. Dispatcher 83

3.7.	Subsistemas	84
3.8.	Referências	85

4. Sistema de Arquivos 87

4.1.	Volumes CKD	87
4.2.	VTOC	89
	4.2.1. VTOC Index	89
4.3.	Organização de arquivos	90
	4.3.1. Nome do Dataset	91
	4.3.2. Record Format	91
	4.3.3. Tipos (ou organização) de datasets	91
	4.3.3.1. Sequential Dataset	92
	4.3.3.2. Partitioned data sets (PDS)	92
4.4.	Métodos de acesso	93
	4.4.1. Basic Access Methods	93
	4.4.2. Queued Access Methods	93
4.5.	HFS – Hierarchical File System	94
4.6.	Catálogos	94
4.7.	VSAM	96
4.8.	SMS	97
4.9.	Referências	98

5. Arquivos do Sistema e o Processo de Inicialização 99

5.1.	Principais arquivos do sistema operacional	99
	5.1.1. SYS1.NUCLEUS	99
	5.1.2. SYS1.SVCLIB	99
	5.1.3. SYS1.LPALIB	99
	5.1.4. SYS1.LINKLIB	99
	5.1.5. SYS1.MACLIB	100
	5.1.6. SYS1.PARMLIB	100
	5.1.7. SYS1.PROCLIB	102
	5.1.8. SYS1.MANx	102
	5.1.9. SYS1.DUMPxx	102
	5.1.10. SYS1.LOGREC	103
	5.1.11. Outros datasets de sistema	103
5.2.	O processo de IPL	103
5.3.	Referências	105

6. Serviços de Sistema Operacional 107

6.1.	Macros e Interrupções	107
6.2.	Gerenciamento de memória	109
	6.2.1. GETMAIN	109

- 6.2.2. FREEMAIN 109
- 6.2.3. STORAGE 110
- 6.2.4. IARV64 110
- 6.2.5 Paginação 110
- 6.3. Gerenciamento de Processos 110
  - 6.3.1. ATTACH 111
  - 6.3.2. SCHEDULE 111
  - 6.3.3. ABEND 111
- 6.4. Gerenciamento de programas 112
  - 6.4.1. Linkage Conventions 113
  - 6.4.2. Ordem de Busca por Programas 114
    - 6.4.2.1. Job Pack Area (JPA) 114
    - 6.4.2.2. TASKLIB 114
    - 6.4.2.3. STEPLIB ou JOBLIB 115
    - 6.4.2.4. LPA 115
    - 6.4.2.5. Link List 115
  - 6.4.3. LLA e VLF 116
- 6.5. Comunicação entre processos 116
  - 6.5.1. WAIT e POST 116
  - 6.5.2. ENQ e DEQ 117
- 6.6 Gerenciamento de E/S 119
  - 6.6.1. Alocação 119
  - 6.6.2. OPEN/CLOSE 119
  - 6.6.3. READ/WRITE – GET/PUT 120
  - 6.6.4. EXCP 120
- 6.7. Referências 122

7. Parallel Sysplex 123

- 7.1. Motivações 123
- 7.2. Objetivos 123
- 7.3. Compartilhamento de dados 124
  - 7.3.1. Particionamento de dados 124
  - 7.3.2. Compartilhamento de discos 125
  - 7.3.3. Compartilhamento de dados 126
- 7.4. Coupling Facility 127
  - 7.4.1. Coupling-links 127
  - 7.4.2. Coupling Facility Control Code (CFCC) 128
  - 7.4.3. Estruturas 128
    - 7.4.3.1. Estruturas de lock 129
    - 7.4.3.2. Estruturas de cache 130
    - 7.4.3.3. Estruturas de lista 131
- 7.5. Serviços do sistema operacional 131

Sumário

	7.5.1. Cross System Coupling Facility (XCF)	131
	7.5.2. Couple Data Sets	133
	7.5.3. Cross System Extended Services (XES)	133
	7.5.3.1. Recuperação de estruturas	134
	7.5.4 Global Resource Serialization (GRS)	134
	7.5.5. PARMLIB	136
	7.6.5.1. IEASYSxx	136
	7.6.5.2. COUPLExx	137
	7.6.5.3. CLOCKxx	137
	7.6.5.4. GRSRNLxx	137
7.6.	Principais exploradores	137
7.7.	Referências	138

Parte 1

Introdução à Arquitetura de Mainframes

1.

Introdução à Arquitetura dos Mainframes

Primórdios do Mainframe

O primeiro computador digital automático, construído pela IBM para diversos propósitos, data do início dos anos 40. Era uma máquina eletro-mecânica desenvolvida em conjunto com a Haward University e conhecida como Automatic Sequence Controlled Calculator (ASCC). Essa máquina executava adições em 1/3 de segundo e multiplicações em 6 segundos.

Em 1948 a IBM introduziu o Selective Sequence Eletronic Calculatror (SSEC), um avanço que continha 21400 relays e 12500 válvulas, capacitando milhares de cálculos por segundo.

Em 1952, parte em função da Guerra da Coréia, que influenciou e agilizou o desenvolvimento de computadores de grande porte, a IBM apresentou o IBM 701, o primeiro computador 100% eletrônico. O IBM 701 era 1/4 do tamanho do SSEC e 25 vezes mais rápido.

Nos anos que sucederam, a IBM introduziu mais e mais computadores, cada vez mais ágeis, mais versáteis, e com maiores capacidades.

Juntamente com o desenvolvimento de computadores baseados em válvulas, a IBM também desenvolveu máquinas de armazenamento magnético de informação. Antes desse desenvolvimento, as informações precisavam ser agrupadas para serem processadas.

No meio dos anos 50 transistores começaram a substituir as válvulas. Em 1958 foi introduzido o IBM 7070 com essa nova tecnologia que oferecia larga vantagem sobre a tecnologia de válvulas. Transistores são menores, mais confiáveis, e geram bem menos calor.

A IBM formou um grupo denominado Data Processing Division (DPD) com o foco em desenvolver e colocar no mercado produtos de Mainframe. Esse grupo foi o responsável por uma extensa sequência de desenvolvimentos, notadamente o IBM 1401 em 1959 que foi largamente usado em diversos ramos de negócio.

Esses foram anos de largo crescimento e abrangência na utilização de Mainframes. A utilização desses computadores foi ainda mais ampliada com a utilização de terminais de transmissão de dados possibilitando a comunicação entre computador central e localizações remotas para a entrada e leitura de informação. Essa disponibilidade de comunicação com o computador significava que a informação armazenada no sistema podia ser atualizada por transações originadas tanto na sede quando no campo. Foi largamente aplicada a sistemas de empresas aéreas, bancos, companhia de seguros, etc.

Ainda assim, no final dos anos 50 e início dos 60, havia vários obstáculos a serem vencidos a fim de se obter o máximo da capacidade de processamento que a tecnologia oferecia. Notadamente, a escalabilidade era um dos problemas que mais afligiam os utilizadores de sistemas de processamento. O custo de expansão era absurdo. Por exemplo, expandir capacidade de memória dependia de troca de modelo e de recodificação do aplicativo.

Sistema S/360

Em 1964 a IBM anunciou o sistema S/360 que representou a primeira reorganização básica do computador eletrônico desde o IBM 701 em 1952. Esse sistema estava direcionado a resolver todos os obstáculos ao crescimento do processamento de dados da época, provendo capacidade total de sistema a um preço bem mais razoável.

O desenvolvimento do S/360 foi um divisor de águas da empresa IBM e também da indústria de computadores.

O S/360 é o nome dado a arquitetura e não a máquina. Essa arquitetura padrão deveria, desde então, ser usada em todos os futuros modelos de máquina desenvolvidos pela IBM. Várias foram as inovações introduzidas: memória de tamanho variável, endereçamento relativo, multiprocessamento, subsistema de Input e Output.

Com o S/360 não era mais necessário associar o tipo de aplicativo com o modelo de máquina adotado devido à diferença entre as diversas arquiteturas. Os diversos componentes do S/360 podiam ser combinados numa infinidade de combinações diferentes de modo a atender as diversas necessidades de mercado.

Alguns dos modelos lançados pela IBM:
- 1964 – S/360 Series Model 40
- 1970 – S/370 Series Model 145
- 1977 – S/370 Compatible Model 3031
- 1979 – 4300 Processing Systems Model 4341
- 1984 – 4300 Processing Systems Model 4381
- 1985 – 3090 Processor Series Model 3090
- 1990 – S/390 Series Model ES/9000
- 2000 – z/Series Model z900

Em setembro de 1990 a IBM introduziu o S/390. Foi mais ou menos nessa época que alguns analistas do mercado previram o fim próximo dos mainframes. Um desses analistas escreveu na edição de março de 1991 da revista InfoWorld: **"Eu prevejo que o último mainframe será desligado em março de 1995"**.

Realmente no início da década de 90 os maiframes estavam em baixa. Mas a IBM (e vários clientes) acreditavam que esta modalidade de computador sempre estaria em demanda. Com o S/390 a IBM introduziu novas tecnologias, reduzindo ainda mais os custos, e desenvolvendo suporte para aplicações e sistemas operacionais abertos como o Linux.

Essas vantagens, e outros benefícios como alta disponibilidade, alta escalabilidade, alta segurança, e imensa capacidade de processamento re-alavancaram a demanda por mainframes.

Capacidade

Mainframes possuem a capacidade de armazenar e processar grandes quantidades de informações. Grandes sistemas bancários, sistemas de reserva de passagem, cartões de crédito, grandes redes de varejo são alguns dos exemplos.

Escalabilidade

É a capacidade dos mainframes de poder facilmente se adaptar a demanda de processamento, aumentando ou diminuindo sua capacidade de processamento e/ou armazenamento de acordo com a necessidade através de fácil alteração no número de processadores, tamanho de memória, rede de comunicação, etc.

Integridade e Segurança

Mainframes possuem extensivamente a capacidade de compartilhar dados simultaneamente entre múltiplos usuários sem comprometer sua proteção.

Disponibilidade

É a característica da arquitetura dos Mainframes de colocar alta prioridade em manter o sistema em serviço o tempo todo. Se baseia em três componentes:

Confiança, através dos componentes de máquina e de sistema de se autotestarem e autocorrigirem.

Disponibilidade, através de isolar um componente com problema sem que o mesmo afete o restante do sistema.

Manutenção, através de quais componentes (de máquina ou de sistema) em erro são facilmente identificados, causando mínimo impacto durante sua troca.

Acesso a Grande Quantidade de Informação

Mainframes possuem a capacidade de se conectar a inúmeros meios de armazenamento de informação como fitas, cartuchos, unidades de discos, unidades de comunicação, etc.

Gerenciamento de Sistema

Mainframes possuem os mais diversos mecanismos de acompanhamento de performance e capacidade do sistema.

Processamento Batch e Processamento Online

Os mainframes têm dois grandes tipos distintos de carga de trabalho.

O processamento tipo Batch é aquele onde um serviço corresponde ao processamento sequencial de um grande número de informações, como por exemplo 'Folha de Pagamento'. Esse tipo de processamento usualmente tem mais compromisso com a quantidade de informação processada que com o tempo em que esse processo é executado.

O processamento tipo Online, ou Tempo Real, é o serviço executado através de pequenas e rápidas transações individuais, onde apenas um pequeno grupo de informações, relacionadas a essa transação, são processadas. ATM e Cartão de Crédito são bons exemplos.

Introdução à Arquitetura dos Mainframes

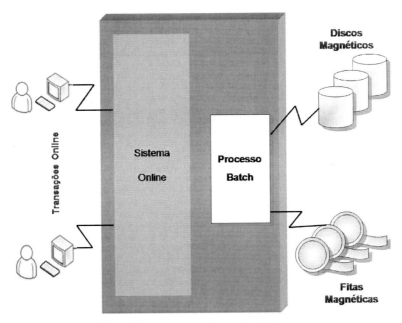

Figura 1.1 – *Processamento Batch e Online*

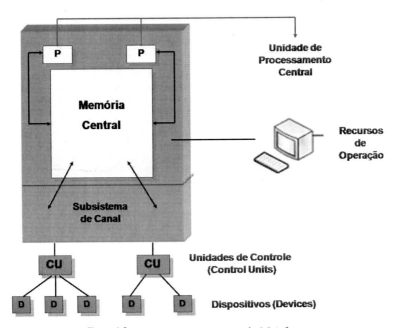

Figura 1.2 – *Principais componentes do Mainframe*

1.1. Componentes Principais do Mainframe

Um mainframe consiste basicamente em uma memória central, uma ou mais unidades de processadores centrais, recursos de operador, um subsistema de canal e unidades de I/O.

As unidades de I/O são ligadas ao subsistema de canal do mainframe por intermédio de unidades de controle. A ligação entre uma unidade de controle e o subsistema de canal é denominada caminho de canal, ou Channel Path. A seguir veremos mais detalhes sobre esses componentes.

Vale a pena observar que o conteúdo desse e dos próximos cápitulos são baseados na arquitetura ESA/390. O cápitulo 90 trata das inovações trazidas pela arquitetura Z.

1.1.1. Memória (Storage)

Memória central é acessada diretamente e assim provê rápido acesso (e processamento) de dado por parte dos processadores e subsistema de canal.

Tanto informação quanto programa são armazenados nas unidades de I/O, e de lá carregados na memória central antes que eles possam ser processados.

O tamanho da memória central disponível depende do modelo da máquina. A memória é definida através de múltiplos de blocos de 4k bytes. Toda a memória central está igualmente disponível ao acesso tanto por parte dos processadores como por parte do subsistema de canal. Ambos acessam um determinado bloco de 4k bytes através de um mesmo endereço absoluto.

Além da memória central, que é um componente básico, também existe a memória expandida. Este tipo de memória é disponível em alguns modelos apenas.

A memória expandida pode ser acessada pelos processadores através de instruções especiais que apenas transferem blocos inteiros de 4k bytes da memória expandida para a memória central e vice-versa.

1.1.2. Unidades de Processamento Central (CPU)

A unidade central de processamento (CPU) é o centro nervoso do sistema. Contém os recursos para sequenciar e processar: execução de instruções, ações de interrupção, funções de tempo, carga inicial do sistema (IPL) e outras funções relacionadas à máquina.

A "implementação física" de CPU's pode diferenciar entre modelos, porém, suas características lógicas permanecem inalteradas. O resultado da execução de uma instrução é o mesmo em todos os modelos.

CPU's podem processar números binários inteiros e de ponto flutuante, números decimais, e informações lógicas. O processo pode ser em paralelo ou em série. As instruções que as CPU's processam são divididas em 5 categorias: gerais, decimais, de ponto flutuante, de controle e de I/O.

Para executar algumas instruções as CPU's podem usar certa quantidade de memória interna. Embora essa memória interna tenha a mesma estrutura física que a memória central, ela não é considerada parte da mesma e nem pode ser acessada por programas.

As CPU's provêm registradores, que estão disponíveis aos programas, mas que não possuem uma representação lógica de endereço de acesso na memória central. Inclui-se a palavra de estado de programa (PSW), os registradores gerais, os registradores de ponto flutuante, os registradores de controle, o registrador de página de prefixo, entre outros.

1.1.3. Referência Externa de Tempo (ETR)

Dependendo do modelo da máquina um dispositivo de referência externa de tempo pode ser conectado à configuração.

Geralmente encontrado em configurações onde várias máquinas estão conectadas e o ETR atua como referência de tempo para todas elas. O Sysplex Timer é um exemplo.

1.1.4. Subsistema de Canal

Operações de I/O envolvem a transferência de dados entre as unidades de armazenamento (unidades de I/O) e a memória central. É o subsistema de canal que controla essa transferência. As unidades de I/O e suas respectivas unidades de controle estão conectadas ao subsistema de canal.

O subsistema de canal, como vimos, controla a transferência de dados. Isso alivia os processadores do trabalho de se comunicar com as unidades de I/O e permite que o trabalho de execução de dados seja independente do trabalho de transferência de dados, podendo os dois ocorrerem simultaneamente.

O subsistema de canal usa um ou mais caminhos de canal (Channel Path) para se conectar com as unidades de I/O. Incluído no trabalho de execução de operação de I/O está o trabalho de gerenciamento (teste de disponibilidade, seleção e iniciação da operação de I/O) do caminho de canal.

1.1.5. Unidades de I/O e Unidades de Controle

Unidades de I/O incluem equipamentos, como impressoras, unidades de fitas magnéticas e cartuchos, discos, terminais, controladoras de comunicação, etc.

Unidades de controle gerenciam a operação das unidades de I/O e contém os recursos lógicos e físicos necessários a esse gerenciamento.

Em certos casos, do ponto de vista do programa, as funções da unidade controle se confundem com as funções da unidade de I/O.

1.1.6. Recursos de Operador

Os recursos de operador são recursos disponíveis para o controle da máquina. Associado a esses recursos está a console de operação que é usada como unidade de I/O para a função de comunicação.

As principais funções disponíveis são: zerar, iniciar, parar, recomeçar, alterar e mostrar.

1.2. Memória (Storage)

Memória central é acessada diretamente e assim provê rápido acesso (e processamento) de dados por parte dos processadores e subsistema de canal.

Tanto informações quanto programas, são armazenados nas unidades de I/O, e de lá carregados na memória central antes que eles possam ser processados.

Este tópico discutirá tanto a representação da informação na memória central, quanto o seu endereçamento e tipo de endereçamento, sua proteção, seu formato e o conceito de Espaço de Endereçamento.

1.2.1. Introdução

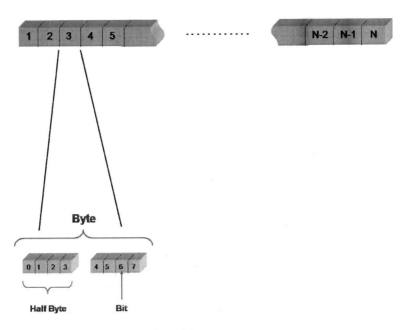

Figura 1.3 – *Memória*

A memória é vista como uma longa linha horizontal de bits. Esses bits são subdivididos em conjuntos de 8 unidades cada. Esse conjunto de 8 bits é denominado byte. O byte é a unidade básica de todos os formatos de informação.

A localização de um determinado byte nessa linha horizontal é representado por um número inteiro positivo. Esse número representa o endereço do byte na memória, que começa do 0 (zero) correspondente ao primeiro byte à esquerda, incrementando sequencialmente, em direção à direita.

Salvo exceções, o acesso à memória feito pelas diversas instruções são processadas da esquerda para a direita.

Informação pode ser transmitida entre a memória e a CPU ou o Subsistema de Canal através de um byte ou de um grupo de bytes consecutivos. O endereço de um grupo de bytes é especificado como o endereço do primeiro byte mais a esquerda. Um grupo de bytes é denominado um 'campo'.

Nomes especiais são dados a grupos de bytes com 2, 4 e 8 bytes. A meia-palavra (halfword) contém 2 bytes consecutivos. A palavra (word ou fullword), 4 bytes consecutivos, e a palavra-dupla (doubleword), 8 bytes consecutivos.

Em certos casos existe a necessidade de a informação estar armazenada em bytes localizados num limite inteiro de memória (Integral Boundary). Entende-se como limite inteiro o endereço que é múltiplo do tamanho da unidade de grupamento de bytes. Correspondentes a Halfword, a Word, e a Doubleword, temos a Halfword Boundary, a Fullword Boundary, e a Doubleword Boundary.

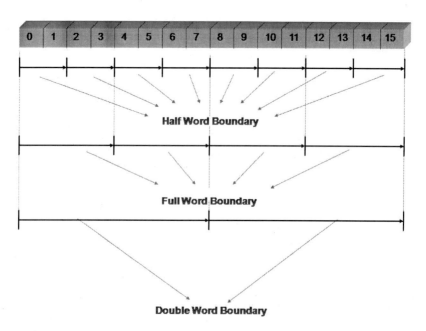

Figura 1.4 – *Memory Boundaries*

1.2.2. Formatos de Informação

Como vimos, a menor unidade de informação é o bit, que é representado por um algarismo binário 0 ou 1. O byte, que é o grupamento de 8 bits, pode ter 2**8 (ou 256) diferentes configurações de informação, que varia de 00000000 a 11111111. Outra forma de ver o byte é através da representação com dois algarismos hexadecimais.

Um byte, ou um conjunto de bytes, com o seu respectivo conteúdo hexadecimal, pode representar vários tipos de informação diferentes: instruções, números binários, ponto fixo, decimal compactado, decimal zonado, caracteres, entre outros.

1.2.2.1. Instruções

As instruções são compostas de um código de operação seguido de operandos. As instruções são agrupadas de acordo com o seu formato que é caracterizado pelo número e tipo de operandos.

Cada código de operação possui sua respectiva representação hexadecimal e normalmente ocupa um byte. Em alguns casos pode ocupar dois bytes. Por exemplo, o código de operação da instrução 'MOVE CARACTER' é representado pelo número hexadecimal x'D2'.

Mais adiante trataremos com mais detalhes os diversos formatos de instruções.

1.2.2.2. Números Binários

A representação binária é aquela formada pelos dois algarismos binários: 0 e 1. A menor unidade de informação é o bit.

1.2.2.3. Ponto-Fixo

A informação em Ponto-Fixo é representada pelo o valor numérico inteiro em base hexadecimal. Por exemplo, um byte com o conteúdo igual a x'F0' representa o número 240.

1.2.2.4. Decimal Compactado

Informações no formato Decimal Compactado podem ser armazenadas em conjuntos de um ou mais bytes.

O sinal, negativo ou positivo, ocupa o último meio-byte mais a direita desse conjunto. O meio-byte de valor hexadecimal x'C' (b'1100') indica o sinal positivo enquanto que o x'D' (b'1101') indica o sinal negativo.

O restante da informação é agrupado nos outros meio-bytes, onde cada meio-byte representa um dígito decimal.

Por exemplo, x'012C' representa o número decimal 12 positivo, enquanto que x'124D' representa o número 124 negativo.

1.2.2.5. Decimal Zonado

A informação no formato de Decimal Zonado também pode ser armazenada em conjuntos de um ou mais bytes. Cada byte representa um dígito decimal, sendo que para cada dígito, o primeiro meio-byte representa a parte de zona, e o segundo meio-byte a parte numérica.

A parte de zona representa o sinal positivo ou negativo. Pode ter o valor hexadecimal x'F' (neutro), x'C' (positivo), e x'D' (negativo). O sinal é relevante apenas no último byte à direita do conjunto que representa a informação. A parte numérica representa o valor decimal do byte.

Por exemplo, x'F1F2F3' ou x'F1F2C3' representa o número 123 positivo, enquanto que x'F1F2D3' representa o número 123 negativo.

1.2.2.6. Caracteres

Um caracter é representado por um byte. Cada código hexadecimal representa um caracter diferente. Existem algumas tabelas de tradução de códigos diferentes. A mais comum é denominada EBCDIC. Por exemplo, em EBCDIC x'C1' representa o caracter 'A'.

1.2.2.7. Conclusão

Vimos então que um mesmo conteúdo de byte pode representar várias informações diferentes. Por exemplo, x'D1' pode representar o número 209 em ponto-fixo, ou número 1 negativo em decimal zonado, ou o caracter 'J', ou ainda a instrução 'MOVE NUMERICS'.

1.2.3. Endereço de Memória

Como vimos, a menor unidade de memória é o bit. Agrupados em 8, os bits formam um byte que é a unidade de memória endereçável.

Grupamentos de 4096 (x'1000') bytes formam uma página, enquanto que grupamentos de 256 (x'100) páginas formam um segmento.

Para efeito de endereçamento de memória central existem três tipos de endereços que são distinguidos a partir do tipo de tradução ao qual é aplicado ao endereço durante o acesso a memória: endereço absoluto, endereço real e endereço virtual.

Introdução à Arquitetura dos Mainframes 15

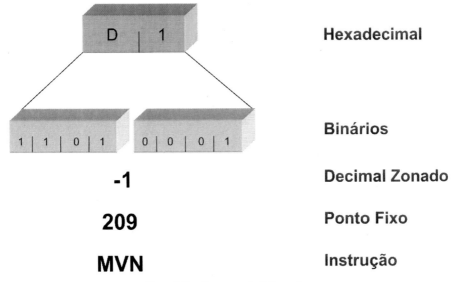

Figura 1.5 – *Formatos de Informação*

1.2.3.1. ENDEREÇO ABSOLUTO

Um endereço absoluto é aquele usado para associar a localização física na memória central. É usado para o acesso à memória sem que seja executada nenhuma conversão.

O Subsistema de canal e todos os processadores referenciam a memória central que compartilham através do endereço absoluto.

1.2.3.2. ENDEREÇO REAL

Endereço real é aquele que quando usado, é convertido para um endereço absoluto através da prefixação. Para cada endereço real sempre existirá um endereço absoluto correspondente.

Através da prefixação existe a possibilidade de associar o endereço real de 0 a 4095 a diferentes blocos de memória, com diferentes endereços absolutos, aos diversos processadores. Com isso se permite que mais de um processador, dividindo a mesma memória central, operem concorrentemente com um mínimo de interferência.

Prefixação faz com que endereços reais no bloco de memória entre 0 e 4095 vistos por um determinado processador, corresponda a endereços absolutos num bloco de 4k de memória identificado no Registrador de Prefixo deste processador. Existe um Registrador de Prefixo associado para cada processador.

Memória que consiste do sequenciamento de bytes conforme seus respectivos endereços reais, denominada Memória Real.

1.2.3.3 ENDEREÇO VIRTUAL

Endereço virtual é aquele que quando usado é convertido primeiramente para endereço real, e, em seguida, para endereço absoluto.

A conversão de endereço virtual em endereço real é denominada Tradução Dinâmica de Endereço (DAT).

Memória que consiste do sequenciamento de bytes, conforme seus respectivos endereços virtuais, é denominada Memória Virtual.

1.2.3.4. ESPAÇO DE ENDEREÇAMENTO (ADDRESS SPACE)

Um espaço de endereçamento consiste na sequência de endereços virtuais, que são convertidos usando os mesmos parâmetros de conversões. Essa sequência de endereços começa do 0 (zero) e avança da esquerda para a direita.

Vários espaços de endereçamento podem coexistir, cada um com o seu respectivo conjunto de parâmetros de conversão.

1.2.3.5. TRADUÇÃO DINÂMICA DE ENDEREÇO (DAT)

Quando um endereço virtual é usado para acessar memória central, ele é, primeiramente, convertido para memória real, e em seguida convertido para endereço absoluto. A conversão de endereço virtual para real é denominada Tradução Dinâmica de Endereço.

Essa conversão usa dois níveis de tabela, a tabela de segmento (segment table) e a tabela de página (page table). Essas tabelas residem em memória real.

A segment table, o primeiro nível de tradução, é localizado através de um registrador de controle associado ao processador. A segment table possui várias (16 ou 2048) entradas, uma para cada segmento. Cada uma dessas entradas contém o endereço de uma page table respectiva ao segmento.

A page table, o segundo nível de tradução, é localizado através da correspondente entrada contida na segment table. A page table consiste de 256 entradas, uma para cada página definida dentro de um segmento. Cada entrada localiza a correspondente página na memória real.

1.2.3.6. PAGINAÇÃO

A tradução dinâmica de endereço provê a capacidade de interromper a execução de um programa num determinado momento, salvar o código do programa e seus dados em uma memória auxiliar (disco), para num momento posterior, retornar os códigos e os dados para endereços reais diferentes e continuar com a execução interrompida.

Também provê a capacidade de definir uma memória virtual maior que a memória central definida na configuração. Nem todo o endereço virtual definido tem um endereço real associado. Essa associação só é necessária no momento do acesso à memória. Em outros momentos, um endereço virtual pode não ter nenhuma associação, o que indica que a informação está armazenada, temporariamente, em memória auxiliar.

A memória virtual é vista como blocos de endereços de memória, denominados páginas. Cada página contém 4k bytes de memória. Quanto mais recente for o acesso a uma determinada página, mais chance ela tem de estar na memória central. A medida que outras páginas de memória são referenciadas, elas vão sendo trazidas da memória auxiliar para a memória central, ocupando o lugar das menos referenciadas que são salvas em memória auxiliar. Esse processo, denominado paginação, é conduzido e gerenciado pelo sistema operacional.

1.2.3.7. Modos de Endereçamento

Existem dois modos de endereçamento. Em ambos os casos o endereço é formado por um conjunto de 4 bytes. O modo 24-Bit que utiliza os últimos 24 bits desse conjunto, e o modo 31-Bit que utiliza os últimos 31 bits.

O endereço é assim constituído por 4 (bytes) x 8 (bits) ou 32 bits, do bit '0' (mais a esquerda) ao bit '31' mais a direita. O bit '0' é irrelevante para fins de endereçamento. Os próximos 7 bits (bit '1' ao bit '7') são relevantes para o modo 31-Bit e irrelevante para o modo 24-Bit.

Esses 32 bits são divididos em três campos: índice de segmento contido entre o bit '1' e bit '11', índice de página contido entre o bit '12' e o bit '19' e índice de byte contido entre o bit '20' e o bit '31'.

O índice de segmento define o segmento contido num espaço de endereçamento ao que contém o byte a ser endereçado. Esse é o índice usado pelo DAT, durante o acesso a segment table. O índice de página indica a página dentro deste segmento. Esse é o índice usado pelo DAT, durante o acesso a page table. E finalmente, o índice de byte indica o byte dentro dessa página.

Quando se utiliza o modo 24-Bit, durante o processamento do endereço, 7 bits '0' são colocados a esquerda simulando um endereço de modo 31-Bit. Assim o resultado lógico é sempre um endereço no modo 31-Bit.

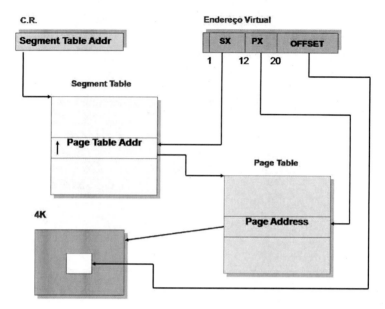

Figura 1.6 – *Endereçamento de Memória*

1.2.4. Proteção de Memória

Existem alguns recursos para proteção de memória contra destruição ou uso indevido por programas não autorizados ou com erro. Esses recursos são aplicados de maneira independente e acesso a memória só é permitido quando nenhum desses recursos proíbe.

1.2.4.1. Chave de Proteção de Memória

Entre os diversos recursos de proteção o mais básico é a chave de proteção de memória.

Esse recurso se aplica através da comparação entre a chave de proteção da memória com a chave de acesso. Para o acesso ser permitido ambas as chaves têm que ser iguais.

A chave de proteção de memória e a chave de acesso possuem 4 bits (0 a 15). Para a chave de proteção ser considerada igual à chave de acesso ambas têm que ser iguais ou então a chave de acesso ser igual a '0' (b'0000').

Cada página em memória real possui uma chave de proteção associada. Portanto esse recurso de proteção se aplica a página inteira. Bytes dentro da página são protegidos igualmente.

Além da chave de proteção existe também para cada página o indicador de proteção de leitura., formado por 1 bit. Se o conteúdo deste bit é '0' não existe proteção para leitura. Ou seja, se a chave de proteção for diferente da chave de acesso, o acesso a leitura é permitido se não houver proteção de leitura.

A chave de acesso a ser comparada com a chave de proteção está armazenada na Palavra de Estado do Programa. Mais adiante veremos isso com mais detalhes.

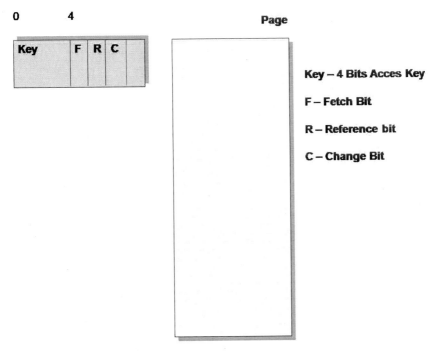

Figura 1.7 – *Chave de Proteção de Memória*

1.3. Controle

Neste capítulo discutiremos os recursos de controle, gerenciamento e monitoraçao da operação de um ou mais processadores.

1.3.1. Estado do Processador

Existem quatro estados de processadores, que são: parado, operando, em carga e em verificação. Esses estados são mutualmente exclusivos.

Quando um processador está parado, instruções e interrupções, com exceção da interrupção de reinício, não são executadas.

No estado em operação, o processador executa instruções e recebe interrupções condicionadas aos parâmetros setados na Palavra de Estado do Programa e dos registradores de controle. Por exemplo, dependendo desses parâmetros o processador aceitará ou não interrupções de I/O.

O processador fica no estado de carga durante a carga inicial do sistema, e no estado de verificação, como consequência de um mau funcionamento de máquina.

O tempo de processamento avança apenas nos estados de operação e carga. O tempo cronológico é independente e avança em qualquer estado de processador.

1.3.2. Palavra de Estado de Programa (PSW)

A PSW é um campo de oito bytes, que não é endereçável, associado a um processador. Existe uma PSW para cada processador.

Basicamente a PSW é usada para controlar o sequenciamento de instrução e armazenar muitos dos controles de operação do processador em relação ao programa em execução. Outros controles são armazenados em registradores de controle.

Além das informações de controle a PSW contém o endereço da instrução corrente e o código de condição.

As informações de controle contidas na PSW podem ser alteradas carregando uma nova PSW ou alterando separadamente algumas dessas informações. Quando uma instrução é executada o endereço da próxima instrução na sequência é carregado na PSW.

A figura a seguir mostra alguns dos campos contidos na PSW.

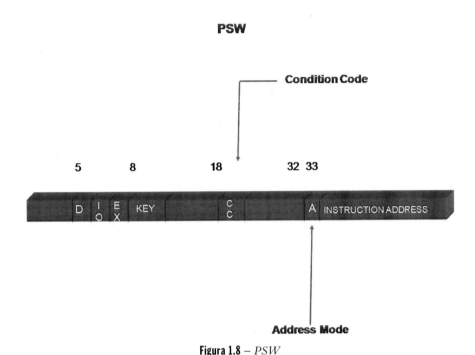

Figura 1.8 – *PSW*

1.3.2.1. DAT Mode Bit

Controla se a tradução dinâmica de endereço deve ocorrer ou não. Se esse bit tem o conteúdo '0' (desligado) a tradução não ocorre e endereços de memória são sempre tratados como endereços reais. Se esse bit tem o conteúdo de '1' (ligado), o mecanismo de tradução ocorre para converter endereço virtual em real.

1.3.2.2. Bits de Máscaras de Interrupções

São três bits, um para cada tipo de interrupção (I/O, Externa, e de Máquina), que permitem ou não que o respectivo tipo de interrupção aconteça. Se o conteúdo do bit é '0' o respectivo tipo de interrupção não poderá ocorrer. Se o conteúdo for '1', o respectivo tipo de interrupção poderá acontecer, dependente ainda da subclasse de interrupção definida nos registradores de controle. Interrupções, tipos de interrupções e subclasse de interrupções serão vistos com mais detalhes mais adiante.

1.3.2.3. Bit de Estado de Espera (Wait State)

Quando o conteúdo desse bit é '1', o processador está no estado de espera e não está processando nenhuma instrução. No estado de espera o processador pode sofrer interrupções.

1.3.2.4. Bit Estado de Problema ou Supervisão (Problem/Supervisor State)

Esse bit indica se o processador está no estado de problema ('1') ou no estado de supervisão ('0'). No estado de supervisão todas as instruções são permitidas, inclusive as privilegiadas. No estado de problema, nem todas as instruções são permitidas, apenas as instruções não privilegiadas, aquelas que não podem afetar o estado ou integridade do sistema como um todo.

1.3.2.5. Chave de Acesso à Memória (PSW Key)

A chave de acesso é formada por quatro bits (0-15). É a chave usada no processo de proteção de memória. Essa chave de acesso é comparada com a chave de proteção de memória a fim de permitir ou não o acesso à informação.

1.3.2.6. Código de Condição (Condition Code)

O código de condição é composto por dois bits (0-3) que indicam o resultado obtido após a execução de certas instruções.

1.3.2.7. Máscara do Programa (Program Mask)

São quatro bits distintos que permitem ('0') interrupções de programa, ou não ('1') para quatro situações respectivas, como por exemplo, overflow em ponto fixo.

1.3.2.8. Bit de Modo de Endereçamento (Addressing Mode)

É o bit que determina o modo de endereçamento que está sendo utilizado: modo 24-Bit ('0') ou modo 31-Bit ('1').

1.3.2.9. Endereço da Instrução

É o campo da PSW que indica a localização da próxima instrução a ser executada.

1.3.3. Registradores de Controle

São campos de quatro bytes cada. Existem 16 (0-15) registradores de controle. Assim como a PSW, e os demais tipos de registradores, os registradores de controle não são endereçáveis e estão associados a um processador. Existe um conjunto de registradores de controle para cada processador.

Os registradores de controle provêm informações de controle, manipulação e manutenção do sistema, complementares as já encontradas na PSW. As características de sistema controladas por registradores de controle passam a ter efeito assim que essas informações são armazenadas nos respectivos registradores de controle.

Algumas das funções, recursos, ou características controladas por registradores de controle são: subclasse de interrupção externa, endereço da segment table, máscara da chave de acesso, subclasse de interrupção de I/O, gravação PER e trace.

1.3.4. Trace

Trace (entre outros) é o recurso usado no auxílio à determinação de problemas, pelo contínuo registro de eventos significantes do sistema. Consiste em três funções diferentes que causam informações a serem gravadas numa tabela em memória (Trace Table): trace de desvio de programa, trace de espaço de endereçamento e trace explícito. Essas funções são controladas por meio de máscaras de bit encontradas no registrador de controle 12.

Quando o trace de desvio de programa está ativo, uma entrada é incluída na Trace Table sempre que uma instrução de desvio é executada. Nesse caso a entrada contém o endereço para o qual o programa foi desviado e o modo de endereçamento.

Quando o trace de espaço de endereçamento está ativo, uma entrada é incluída na Trace Table sempre que uma instrução de manipulação de espaço de endereçamento é executada. A entrada criada contém informações pertinentes à execução dessas instruções.

Quando o trace explícito está ativo, uma entrada é incluída na Trace Table sempre que a instrução TRACE for executada. A entrada criada contém o horário da execução, o operando da instrução TRACE, e o conteúdo dos registradores gerais. Quando o trace explícito está desabilitado, a instrução TRACE é ignorada.

1.3.5. Gravação de Evento de Programa (PER)

A finalidade do PER é de auxiliar a investigação, depuração ou correção de programas.

Permite que o programa seja alertado de alguns eventos como: execução de desvio com sucesso (opcionalmente, dentro de uma determinada faixa de memória), alteração de informação na memória (opcionalmente, dentro de uma determinada faixa de memória), alteração do conteúdo de um determinado registrador, entre outros.

Um ou mais eventos podem ser selecionados pelo programa. A informação é provida ao programa na ocorrência do evento através de uma interrupção, sendo que o código da interrupção determina o tipo de evento que originou o PER. As informações de controle do PER residem nos registradores de controle 9, 10 e 11.

1.3.6. Controle do Tempo

Três são as funções de tempo: o relógio do sistema (TOD Clock), a comparação de tempo (Clock Comparator) e o relógio de tempo de CPU (CPU Timer).

1.3.6.1. TOD (TIME OF THE DAY) CLOCK

O TOD Clock provê uma alta resolução de medida do tempo. Dependendo do modelo cada processador pode ter seu TOD Clock independente ou um TOD Clock compartilhado. De qualquer forma, cada processador tem acesso a um TOD Clock.

O TOD Clock é um contador binário de 64 bits (bits 0-63) ou 8 bytes. Na forma básica o bit 51 desse contador é incrementado em 1 a cada microsegundo. Em modelos com maior ou menor resolução o incremento é realizado em bits diferentes, numa frequência tal que simule o incremento do bit 51 a cada microsegundo.

A figura a seguir ilustra este ponto.

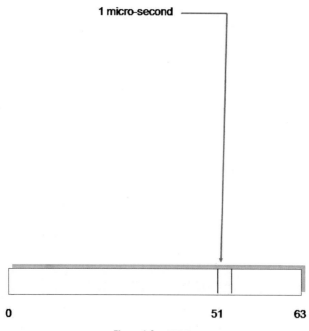

Figura 1.9 – *TOD*

1.3.6.2. Comparação de Tempo

É o recurso que causa uma interrupção externa assim que o TOD Clock atingir um determinado ponto definido pelo programa. Para tal existe o recurso denominado comparador de tempo (Clock Comparator).

1.3.6.3. CPU Timer

Recurso usado para medir o tempo de utilização do processador, e de causar uma interrupção externa quando esse tempo atingir um determinado ponto definido pelo programa.

Cada processador tem o seu próprio CPU Timer. O CPU Timer tem o mesmo formato que o TOD Clock.

Inversamente ao TOD Clock o CPU Timer é decrementado '1' do bit 51 a cada microsegundo na forma básica, com maior ou menor resolução dependendo do modelo. Uma interrupção externa ocorre quando o CPU Timer torna-se um contador negativo.

Ambos o TOD Clock e o CPU timer (inversamente) possuem a mesma frequência de incremento (ou decremento), porém o CPU Timer é somente decrementado quando a CPU está no estado de operação ou de carga inicial.

1.3.7. Carga Inicial de Programa (IPL)

IPL (Initial Program Load) é o mecanismo usado para ler (carregar) um programa de uma unidade de I/O para a memória central e começar a execução desse programa.

O IPL é ativado manualmente. O endereço da unidade de I/O usado na carga do programa é especificado na máquina e em seguida é ativado ou a função de load-clear ou de load-normal. Quando uma dessas funções é ativada, a CPU entra no estado de 'carga inicial'. Em seguida um comando de I/O é iniciado sobre a unidade de I/O especificada no IPL.

O efeito desse I/O simula uma leitura, movendo informação da unidade de I/O sobre o endereço '0', com tamanho de 24 bytes, indicando ainda um enfileiramento de operações de I/O. Quando a operação de I/O termina, o sistema considera que a nova PSW está armazenada no endereço '0'. É de lá que é carregada a PSW corrente para dar sequência a execução do programa. Neste momento a CPU deixa o estado de 'carga inicial' e entra no estado de 'operação'.

1.3.8. Sinalização entre Processadores

É um recurso de comunicação entre processadores que inclui transmissão (sinalização), recebimento e decodificação de códigos de operação, execução da operação e resposta ao processador sinalizador.

Esta sinalização é feita através de uma instrução privilegiada. Algumas das operações sinalizadas são: start cpu, stop cpu, restart cpu, set prefix, entre outras.

1.4. Execução do Programa

Normalmente a operação dos processadores é controlada por instruções residentes na memória, executadas sequencialmente, uma de cada vez, da esquerda para a direita, na ordem crescente de endereço.

Existem mecanismos que causam a quebra dessa sequência como o redirecionamento (branch), carga de PSW, interrupções, entre outros.

1.4.1. Instruções

Cada instrução é constituída de duas partes principais: o código de operação que especifica a operação a ser executada e os operandos que definem como essa operação será executada. Os operandos podem ser agrupados em três classes, dependendo da sua localização: registradores, operando imediato e memória.

Os operandos localizados em registradores podem ser registradores gerais, registradores de ponto flutuante, ou registradores de controle. Os registradores como já vimos, são campos de quatro bytes, não endereçáveis. Existe um conjunto de registradores associado à cada processador. O operando registrador é indicado através do seu número correspondente, que varia de 0 a 15, e é especificado através de um campo de 4 bits, contido na instrução, e denominado R.

Os operandos imediatos são contidos num campo dentro da própria instrução. Esse campo pode ter 8 ou 16 bits, dependendo da instrução, e é denominado I.

Os operandos localizados em memória podem ter tamanhos diversos. O tamanho pode ser especificado, dependendo da situação, por uma máscara de bit, ou pelo conteúdo de um campo denominado L, ou ainda através do conteúdo de um determinado registrador. O endereço de operandos em memória é especificado por meio de registradores gerais. O endereço de operandos em memória ou está contido dentro de um registrador especificado no campo R da instrução, ou é calculado através do endereço base, o índice e o deslocamento, especificados nos campos B, X, e D, respectivamente.

1.4.2. Formatos de Instrução

Uma instrução ocupa dois, quatro ou seis bytes e tem que estar localizada em memória num endereço de limite inteiro de meia-palavra (Halfword Boundary), ou seja, num endereço múltiplo de dois.

Cada instrução segue um dos formatos básicos. Portanto, as instruções podem ser classificadas de acordo com o seu formato. A seguir veremos alguns desses formatos.

Para a maioria dos formatos de instrução o código de operação ocupa um byte. Para alguns casos, o código de operação ocupa dois bytes.

A figura a seguir ilustra isso.

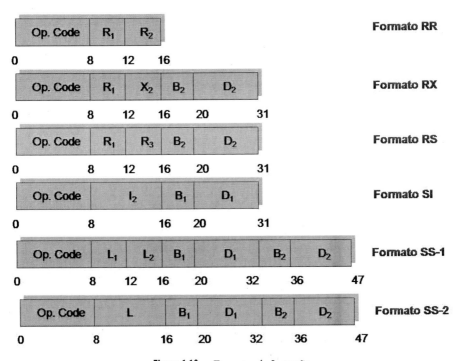

Figura 1.10 – *Formatos de Instrução*

1.4.2.1. FORMATO REGISTRADOR E REGISTRADOR (RR)

Instruções desse formato possuem dois bytes: um byte de código de operação e dois meio-bytes especificando dois operandos registradores R.

1.4.2.2. FORMATO REGISTRADOR E MEMÓRIA INDEXADA (RX)

Instruções desse formato possuem quatro bytes: um byte de código de operação, um meio-byte especificando um operando registrador R, e um endereço de memória especificado por um registrador base B (meio-byte), um registrador índice X (meio-byte) e um deslocamento D (três meio-bytes).

1.4.2.3. FORMATO REGISTRADOR E MEMÓRIA (RS)

Instruções desse formato possuem quatro bytes: um byte de código de operação, dois meio-bytes especificando dois operandos registradores R, e um endereço de memória especificado por um registrador base B (meio-byte) e um deslocamento D (três meio-bytes).

1.4.2.4. FORMATO MEMÓRIA E OPERANDO IMEDIATO (SI)

Instruções desse formato possuem quatro bytes: um byte de código de operação, um endereço de memória especificado por um registrador base B (meio-byte) e um deslocamento D (três meio-bytes), e um operando imediato especificado I (um byte).

1.4.2.5. FORMATO MEMÓRIA E MEMÓRIA INDEXADA (SS)

Instruções desse formato possuem seis bytes: um byte de código de operação e o restante para indicar o endereço de memória de dois operandos, e seus respectivos tamanhos.

Existem dois subformatos SS. Para os dois casos, tanto para o primeiro operando quanto para o segundo, o endereço é especificado por um registrador base B (meio-byte) e um deslocamento D (três meio-bytes). Para o primeiro subformato é especificado um tamanho de campo L (um byte) que se aplica a ambos os operandos. Para o outro subformato, existem dois campos de tamanho L (meio byte cada), um associado a cada operando.

1.4.3. Geração de Endereço

Como vimos antes existe um bit na PSW que determina o modo de endereçamento a ser usado pelo processador no momento da geração de endereço. Se esse bit (Addressing Mode bit) for '0' o modo de endereçamento usado é o modo 24-Bit. Se for '1', é o modo 31-Bit.

1.4.3.1. GERAÇÃO DE ENDEREÇO SEQUENCIAL DE INSTRUÇÃO

Um campo da PSW denominado endereço da instrução (Instruction Address) determina qual deve ser a instrução a ser executada num determinado momento. Quando essa instrução é executada, o endereço de instrução na PSW é incrementado com o tamanho da instrução que está sendo executada.

Dessa maneira, a PSW sempre estará apontando (sequencialmente) para a próxima instrução a ser executada. Os mesmos passos são repetidos para a próxima instrução que ao ser executada faz com que a PSW aponte para a próxima. E assim, sucessivamente, uma instrução após a outra vai sendo executada.

Introdução à Arquitetura dos Mainframes

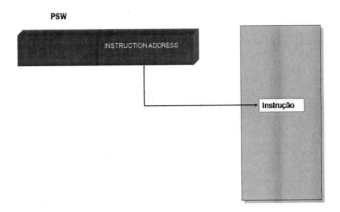

Figura 1.11 – *Geração de Endereço Sequencial de Instrução*

1.4.3.2. GERAÇÃO DE ENDEREÇO DE OPERANDO EM MEMÓRIA

O endereço de um operando em memória ou está contido num registrador designado por um campo R ou é calculado a partir da soma de três componentes: endereço base, indexador e deslocamento.

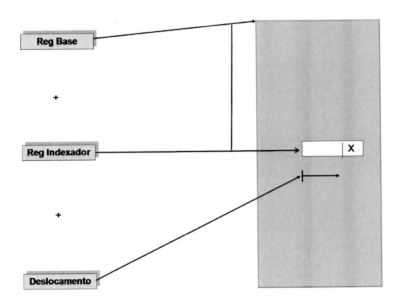

Figura 1.12 – *Geração de Endereço de Operando de Memória*

O endereço base está contido num registrador designado pelo campo B. O indexador, visto como endereço, também está contido num registrador, porém designado pelo campo X. O deslocamento é um número de 12 bits (0-4095), contido no campo D.

A soma desses três componentes (B+X+D) resulta no endereço do operando em memória.

1.4.3.3. Geração de Endereço de Desvio (Branch Address)

Para instruções de desvio, o endereço da próxima instrução a ser executada e que é salva na PSW, é denominado endereço de desvio (Branch Address).

Dependendo da instrução de desvio e de seu respectivo formato, o endereço de desvio é gerado ou através do conteúdo do campo R ou através da soma do endereço base, do indexador e do deslocamento.

O desvio propriamente dito acontece ao salvar o endereço de desvio na PSW. Após a execução da instrução de desvio, a PSW estará apontando para este endereço, e assim a próxima instrução a ser executada não mais será a instrução seguinte, e sim a instrução localizada no endereço de desvio.

1.4.4. Tipos de Instruções

As instruções são divididas entre as não privilegiadas e as de controle. As instruções não privilegiadas são agrupadas entre instruções gerais, instruções decimais e instruções de ponto flutuante. As instruções de controle são compostas das instruções semiprivilegiadas e privilegiadas.

1.4.4.1. Instruções Gerais ou de Ponto Fixo

As instruções gerais manipulam, alteram, operam algébrica e logicamente, comparam, e movem dados que residem em registradores gerais ou em memória, ou que são introduzidos através de operandos imediatos.

Existem também instruções gerais de desvio, instruções que operam sobre dados contidos na PSW ou no TOD Clock, e instruções que convertem, compactam e descompactam dados em formato decimal.

Essas instruções não precisam de nenhum nível de autorização especial para serem executadas. Porém, vale a proteção de memória baseado na chave de acesso contido na PSW, que permite ou não o acesso a memória durante a execução da instrução.

Exemplos são: MVC (MOVE CARACTERS), AR (ADD REGISTER), LA (LOAD ADDRESS), BC (BRANCH ON CONDITION), ST (STORE), etc.

1.4.4.2. Instruções Decimais

As instruções decimais também não precisam de nenhum nível especial de autorização. Essas instruções realizam operações e comparações algébricas em dados no formato decimal, somente residentes em memória.

Como já vimos o dado no formato decimal pode estar apresentado no formato compactado ou zonado (descompactado).

No formato compactado, o sinal, positivo ou negativo, ocupa o último meio byte. A parte numérica, em dígitos decimais, ocupa o restante do campo, sendo que cada dígito ocupa um meio byte.

No formato zonado, cada dígito do campo ocupa um byte sendo que um meio byte é ocupado por uma zona, e o outro, por um dígito decimal. A zona do último byte indica o sinal positivo ou negativo.

As instruções decimais que realizam operações e comparações algébricas somente executam com operandos no formato decimal compactado. Uma informação numérica em ponto fixo tem que ser convertida para o formato decimal compactado para que se possa ser usada numa operação algébrica decimal, e vice versa. Da mesma forma, um dado no formato decimal zonado, precisa ser compactado antes de ser usado numa operação. O processo inverso é a descompactação.

Alguns exemplos são: AP (ADD PACKED), SP (SUBTRACT PACKED), DP (DIVIDE PACKED), MP (MULTIPLY PACKED), CP (COMPARE PACKED), etc.

1.4.4.3. Instruções em Ponto Flutuante

As instruções em ponto flutuante são usadas para executar operações algébricas sobre operandos de grande magnitude e/ou prover resultado de alta resolução. Esses operandos estão representados no formato de ponto-flutuante, que consiste basicamente na representação de uma base e de um expoente.

Exemplos são: AD (ADD NORMALIZED), SU (SUBTRACT UNNORMALIZED), etc.

1.4.4.4. Instruções de Controle

São as instruções privilegiadas e semiprivilegiadas, com exceção das operações de I/O que veremos mais adiante.

As instruções privilegiadas são aquelas que executam apenas quando a CPU está no estado de supervisão. A tentativa de executar uma instrução privilegiada no estado de problema gera uma interrupção de programa. O estado de supervisão ou problema é definido por um bit residente na PSW.

As instruções semiprivilegiadas podem executar no estado de problema, contanto que certos requisitos de autorização sejam correspondidos. Caso esses requisitos não sejam correspondidos durante a execução de uma dessas instruções, uma interrupção de programa será gerada.

Exemplos são: LPSW (LOAD PSW), IPK (INSERT PSW KEY), etc.

1.4.5. Interrupções

Interrupção é o mecanismo que permite a troca de estado da CPU como resultado de condições externas à configuração, de condições internas da configuração e condições da própria CPU.

Essas condições de interrupção são agrupadas em seis classes: externa, de I/O, de verificação de máquina, de programa, de reinício (restart) e de supervisão (supervisor call).

Uma interrupção consiste em salvar o conteúdo corrente da PSW, salvar o código de interrupção que identifica o tipo de interrupção e carregar uma nova PSW. Após a interrupção o processo continua conforme o especificado na nova PSW.

Cada classe de interrupção é distinguida pela localização específica em memória real (endereço real) onde é armazenado a PSW corrente (Old PSW) e da qual o novo conteúdo da PSW (New PSW) é carregado. O código de interrupção também é salvo numa localização específica em memória.

Através de máscaras de bit na PSW e em registradores de controles é possível inibir ou permitir a ocorrência de todas as interrupções externas, de I/O e de verificação de máquina, e para algumas interrupções de programa. Quando uma determinada máscara de bit tem o valor '1' a CPU pode ser interrompida para a classe de interrupção correspondente.

Se a CPU está impedida de ser interrompida por uma determinada classe, ao ocorrer uma interrupção dessa classe, essa interrupção não será ignorada e ficará pendente. A CPU sempre aceitará interrupções da classe de supervisão e de reinício.

1.4.5.1. INTERRUPÇÕES EXTERNAS

As interrupções externas é o meio pelo qual a CPU responde a sinais de dentro e de fora da configuração. A PSW corrente é salva no endereço real 24 e uma nova PSW é carregada do endereço real 88. O código da interrupção (dois byte) é salvo no endereço real 134-135. Dependendo da subclasse de interrupção outras informações são armazenadas em outros endereços de memória.

A seguir alguns exemplos de interrupções externas:

Interrupção de comparador de relógio (Clock Comparator) ocorre quando ou o TOD Clock está em erro ou inoperante, ou quando o valor armazenado no relógio comparador é inferior ao valor contido no TOD Clock.

Interrupção de relógio de CPU (CPU Timer) ocorre quando o valor armazenado no relógio de CPU é decrementado e passa a ter um valor negativo.

Interrupção de chamada externa ocorre quando a CPU aceita um sinal proveniente de uma instrução SIGNAL PROCESSOR executada por outra (ou a própria) CPU.

Interrupção externa de chave (interruption key) ocorre quando o operador aciona manualmente a chave de interrupção da máquina.

1.4.5.2. INTERRUPÇÕES DE I/O

As interrupções de I/O é o mecanismo pelo qual a CPU responde à condições originadas no subsistema de canal. Podem ocorrer a qualquer momento e podem ocorrer mais de uma no mesmo instante. As interrupções de I/O ficam pendentes e preservadas até que sejam aceitas pela CPU.

As interrupções de I/O ocorrem quando operações de I/O se completam. Prioridades são estabelecidas entre interrupções de tal modo que apenas uma interrupção é aceita de cada vez em cada CPU, as de maiores prioridades são aceitas antes das de menores prioridades.

Esse tipo de interrupção causa a PSW corrente ser salva no endereço de memória real 56 e uma nova PSW é carregada do endereço de memória real 120. O código de interrupção contém 8 bytes e é armazenado no endereço 184-191.

1.4.5.3. INTERRUPÇÕES DE VERIFICAÇÃO DE MÁQUINA (MACHINE CHECK)

É o meio pelo qual um mau funcionamento da máquina é reportado à CPU. Serve para ajudar o sistema a determinar a causa do erro e a extensão do problema.

Esse tipo de interrupção causa a PSW corrente ser salva no endereço de memória real 48 e uma nova PSW é carregada do endereço de memória real 112. O código de interrupção que identifica a causa e a severidade do mau funcionamento contém 8 bytes e é armazenado no endereço 232-239.

1.4.5.4. INTERRUPÇÕES DE PROGRAMA

São usadas para reportar erros e eventos que ocorrem durante a execução de um programa.

Esse tipo de interrupção causa a PSW corrente ser salva no endereço de memória real 40 e uma nova PSW é carregada do endereço de memória real 104. O código de interrupção que determina a causa da interrupção contém 2 bytes e é armazenado no endereço 142-143. O tamanho da instrução que resultou a interrupção é salvo no endereço 141.

A seguir alguns exemplos de interrupções de programa.

Interrupção por endereçamento inválido (addressing exception) ocorre quando a CPU tenta referenciar um campo cujo endereço em memória é inválido, como por exemplo, um endereço além dos limites prescritos na configuração.

Interrupção por dados inválidos (data exception) ocorre quando operandos de uma determinada instrução não estão no formato especificado como, por exemplo, o código inválido de sinal para números decimais.

Interrupção por erro na divisão ocorre quando existe uma divisão por zero ou quando o quociente excede o valor máximo possível.

Interrupção por código de instrução inválida ocorre quando a CPU tenta executar uma instrução com o código de operação não existente.

Interrupção por instrução privilegiada ocorre quando a CPU tenta executar uma instrução privilegiada em estado de problema.

Interrupção por violação de proteção de memória ocorre quando a CPU tenta acessar uma localização em memória protegida.

1.4.5.5. INTERRUPÇÕES DE REINÍCIO (RESTART)

A interrupção de reinício é o meio pelo qual o operador ou outra CPU invoque a execução de um programa específico. Esse tipo de interrupção causa a PSW corrente ser salva no endereço de memória real 8 e uma nova PSW é carregada do endereço de memória real 0.

Pode ser iniciada através de ativação manual da chave de reinício ou através da instrução de sinalização de processador que especifica a ordem de reinício.

1.4.5.6. INTERRUPÇÕES DE SUPERVISÃO (SUPERVISOR CALL)

Interrupções de supervisão ocorrem quando é executada a instrução SVC (SUPERVISOR CALL).

Esse tipo de interrupção causa a PSW corrente ser salva no endereço de memória real 32 e uma nova PSW é carregada do endereço de memória real 96. O conteúdo (operando) na posição 8-15 (1 byte) da instrução SVC é salvo no byte mais a direita do código de interrupção (2 bytes). O outro byte do código de interrupção é zerado. Esse código de interrupção resultante é armazenado no endereço 138-139.

1.5. Mecanismo de Input/Output

O termo Entrada/Saída, ou Input/Output, ou simplesmente I/O, é usado para descrever a transferência de dados entre as unidades de I/O e a memória central. Uma operação envolvendo esse tipo de transferência é referida como operação de I/O. O recurso e mecanismo usados para controlar essas operações são conhecidos como subsistema de canal.

1.5.1. Subsistema de Canal

O subsistema de canal controla o fluxo de dados entre as unidades de I/O e a memória central. E com isso alivia a CPU da tarefa de se comunicar diretamente com as unidades de I/O permitindo que a tarefa de processamento de dados ocorra em paralelo com a tarefa de processamento de I/O.

O subsistema de canal usa um ou mais caminhos conectados as unidades de I/O. É também responsável pela operação de gerenciamento desses caminhos, testando a disponibilidade de caminhos, decidindo sobre um caminho disponível, e iniciando a transferência de dados.

1.5.1.1. SUBCANAL

Dentro do subsistema de canal existem os subcanais. Cada subcanal é dedicado a uma unidade de I/O.

Cada subcanal provê informação associada à unidade a ele dedicada, incluindo informações sobre operações de I/O e outras funções envolvendo essa unidade. O subcanal é o meio pelo qual subsistema de canal provê informação a CPU que é obtido através da execução de instruções de I/O.

É a identidade lógica de uma unidade de I/O vista pela CPU e pelo programa. O subcanal é uma área interna de memória que contém o endereço do programa de canal, a identificação do caminho de canal, o identificador de unidade de I/O e outras informações relativas à operação de I/O.

Operações de I/O são iniciadas sobre uma unidade de I/O através de instruções de I/O que especificam o subcanal associado a essa unidade de I/O. Após a operação de I/O ter sido requerida a um subcanal através da instrução START SUBCHANNEL, a CPU é liberada para executar outras instruções na sequência, enquanto que o subsistema de canal se encarrega de executar aquela operação de I/O propriamente dita.

1.5.1.2. Caminho de Canal (Channel Path)

O subsistema de canal se comunica com as unidades de I/O através de caminhos de canais entre o subcanal e as unidades de controle.

Uma unidade de controle pode estar conectada a um subsistema de canal por mais de um caminho de canal. Da mesma forma, uma unidade de I/O pode estar conectada a mais de uma unidade de controle.

Unidades de I/O conectadas ao subsistema de I/O por vários caminhos de canais podem ser acessadas por cada um desses caminhos que estejam disponíveis.

1.5.1.3. Unidades de Controle

Uma unidade de controle provê os recursos lógicos necessários à operação de unidades de I/O e adapta as características de cada unidade de I/O a uma forma comum de controle provida pelo subsistema de canal.

A unidade de controle aceita sinais de controle do subsistema de canal, controla o tempo de transferência de dados no caminho de canal, e provê informação sobre o estado de unidades de I/O. Ela decodifica comandos recebidos do subsistema de canal e interpreta-os de acordo com as particularidades da unidade de I/O.

A unidade de controle pode residir separadamente ou estar física ou logicamente integrada a unidade de I/O, ao subsistema de canal, ou a CPU. Sob o ponto de vista do programador muitas das funções executadas pela unidade de controle podem ser confundidas ou combinadas com as operações executadas pelas unidades de I/O.

1.5.1.4. Unidades de I/O

A unidade de I/O provê o meio físico de armazenamento de dados, o meio de comunicação entre sistemas, ou o meio de comunicação entre o sistema e seu ambiente. Incluem equipamentos, como leitoras e perfuradoras de cartão, fitas magnéticas, discos, terminais de vídeo, impressoras, equipamentos de teleprocessamento e outros.

1.5.2. Endereçamento do I/O

Três tipos de endereçamento são usados pelo subsistema de canal para identificação de todos os componentes envolvidos numa operação de I/O.

O identificador de caminho de canal (CHIPD) é um número associado ao caminho de canal instalado no sistema. Os caminhos de canais pelos quais uma determinada unidade de I/O é acessível são identificados no bloco de informação do subcanal através de seus respectivos CHIPD's. O CHIPID é usado como operando na instrução RESET CHANNEL PATH.

O número de subcanal é o número usado para endereçar o subcanal na execução de várias instruções como, por exemplo, START SUBCHANNEL, que inicia uma operação de I/O propriamente dita.

O número da unidade de I/O é o numero que associa a unidade de I/O ao subcanal. O número da unidade de I/O é o identificador usado para a comunicação entre o sistema e o operador do sistema.

1.5.3. Execução de Operação de I/O

As operações de I/O são iniciadas e controladas através de informações encontradas em três formatos: a instrução START SUBCHANNEL, as palavras de comando de canal (CCW) e as ordens ou comandos.

A instrução START SUBCHANNEL é executada pela CPU e inicia a operação de I/O. Ela faz parte do programa que gerencia o fluxo de requisições de operação de I/O feitas por programas de controle que processam os dados de I/O.

Quando essa instrução é executada, parâmetros são passados ao subcanal em questão requerendo ao subsistema de canal que execute funções de I/O sobre a unidade de I/O associada ao subcanal.

Após o subsistema de canal escolher o caminho de canal disponível a execução da operação de I/O, continua com a decodificação e execução da CCW pelo subsistema de canal e pela unidade de I/O. Uma ou mais CCW's são ordenadas sequencialmente formando o programa de canal, e são executadas como uma ou mais operações de I/O respectivamente.

Operações particulares a um determinado tipo de unidade de I/O são especificadas por ordens que são decodificados e executados pela própria unidade de I/O. Ordens podem ser passadas a unidade de I/O através de bits especiais na CCW, ou por outros meios dependendo da especificação da unidade de I/O.

1.5.3.1 INICIANDO A OPERAÇÃO DE I/O

O programa na CPU inicia o I/O através da instrução START SUBCHANNEL. O conteúdo do bloco de requerimento de operação de I/O (ORB) é passado para o subcanal em questão. O ORB inclui o endereço da única ou primeira CCW a ser executada, o tipo de CCW utilizada e a chave do subcanal.

A CCW contém o comando a ser executado e o endereço em memória do dado a ser lido ou gravado, caso haja um.

Assim que o ORB é aceito pelo subcanal a instrução START SUBCHANNEL está completada, e a CPU está liberada para continuar a execução do programa. A operação de I/O continua sob controle do subsistema de canal.

1.5.3.2. EXECUÇÃO DO PROGRAMA DE CANAL

Após o subsistema de canal identificar a unidade de I/O, escolher o caminho de canal disponível, e decodificar a CCW, o código de comando é enviado a unidade de I/O para verificar se o mesmo é aceito ou não.

Uma operação de canal pode envolver a transferência de dados em um campo de memória, endereçado por uma simples CCW, ou de dados em vários campos de memória, contíguos ou não, endereçados por múltiplas CCW encadeadas.

1.5.3.3. Palavra de Comando de Canal (CCW)

A CCW especifica o código comando de I/O a ser executado e o endereço de memória utilizado na transferência de dado.

Como vimos o programa de canal se consiste de uma ou mais CCW's encadeadas e executadas sequencialmente. O encadeamento pode ser a nível de operação quando várias operações são executadas ou a nível de endereçamento em memória quando ocorrem várias transferências de dados.

Quando existe encadeamento de CCW apenas a primeira é endereçada no ORB. A existência de encadeamento e o tipo de encadeamento são especificados por flag bits dentro de CCW.

A CCW pode ter dois formatos, um para endereçar memória em 24-bit e outro em 31-bit. Além disso, esse endereçamento pode ser direto quando o endereço é identificado dentro da CCW ou indireto quando o endereço é feito externamente através de um outro campo denominado IDAW, que é endereçado pela CCW. O uso de endereçamento direto ou indireto é determinado por um flag dentro da CCW.

1.5.3.4. Conclusão da Operação de I/O

É normalmente indicada por duas condições: término de canal e término de unidade de I/O.

O término de canal indica que a unidade de I/O recebeu ou enviou todo o dado requisitado pela operação de I/O e que não mais precisa de nenhum recurso do subsistema de canal.

O término da unidade de I/O indica que a unidade concluiu a operação e está livre para executar outras operações.

Essas e outras condições de erro causam interrupções de I/O que sinalizam assincronamente a CPU, o término da operação de I/O.

1.5.4. Instruções de I/O

As instruções de I/O são aquelas que proveem o controle e utilização do subsistema de canal. Todas as instruções de I/O são privilegiadas, ou seja, executam somente no estado de supervisão.

1.6. Recursos de Operação

Os recursos de operação são funções de operação e controle manual da máquina provida ao operador do sistema. Além das funções básicas, cada modelo de máquina ainda pode ter recursos extras próprios.

Algumas das funções básicas são:

Comparador de Endereço é o recurso que o operador tem de parar a máquina quando um endereço previamente especificado satisfaz uma determinada condição de comparação, seja quando o endereço é referenciado, ou usado pelo subsistema de canal, ou usado como endereço em uma instrução.

Mostrar e Alterar são os recursos que possibilitam verificar e mudar o conteúdo de memória, chaves de proteção, registradores, e PSW.

Chave de Interrupção causa uma interrupção externa.

Chave de Carga Normal é a chave utilizada pelo operador para iniciar a Carga Inicial do Sistema.

Chave de Reinício causa a interrupção de reinício.

1.7. Configurações

Como vimos uma máquina pode possuir um ou mais processadores.

Esses processadores podem servir a um ou mais sistemas executando concorrentemente na mesma máquina. Da mesma forma uma máquina pode compartilhar ou não a mesma base de dados com outras máquinas.

Esse compartilhamento pode existir a um nível mais simples onde apenas parte da base de dados é compartilhada, por sistemas semelhantes ou não. Ou pode existir num nível mais complexo, onde a base é 100% compartilhada por sistemas idênticos, e onde cada um desses sistemas complementa os outros.

A seguir veremos alguns conceitos que definem melhor as mais diversas combinações de máquinas, e processadores, e sistemas que formam a configuração final como é vista pelo programador.

1.7.1. Multiprogramação e Multiprocessamento

Esses são dois conceitos básicos que definem o paralelismo em processamento de dados.

Multiprogramação é o compartilhamento de uma mesma sequência de instruções por programas diferentes, executando ao mesmo tempo na máquina. Por exemplo, dois programas X e Y compartilhando um código único de instrução, que executa o processamento comum de gravação em arquivo. Os programas X e Y são completamente diferentes, servem a propósitos diferentes, gravam em arquivos diferentes, mas compartilham o mesmo processo que gerencia a gravação final.

Num escopo maior, os vários sistemas, subsistemas e programas, ativos num determinado momento, compartilhando o mesmo sistema operacional, estão multiprogramando.

Usando o exemplo anterior, o programa X e Y estão ativos, e ambos compartilham a mesma sequência de instruções. Apesar dos dois programas estarem ativos, em nenhum momento foi dito se ambos estão executando exatamente ao mesmo tempo. Ou se ambos, estão executando o código que compartilham ao mesmo tempo.

O multiprocessamento ocorre quando um mesmo código, armazenado numa única área de memória, é compartilhado por dois ou mais programas ao mesmo tempo, sendo que cada um desses programas está sendo executado por um processador diferente.

O principal conceito que vem em mente quando falamos de multiprocessamento é quanto a questão de serialização de acesso a memória. Uma mesma instrução, sendo executada por dois ou mais processadores concorrentemente, acessando uma mesma área de memória, pode gerar resultados inesperados. Sendo assim, o multiprocessamento requer a serialização no momento de acesso.

A serialização pode ser alcançada implicitamente através de algumas instruções especiais que ao executar no mesmo instante, são processadas sequencialmente E pode também ser alcançada explicitamente através da lógica do programa de tal forma que se garanta que uma mesma área de memória não possa ser acessada por duas instruções ao mesmo tempo.

1.7.2. Uniprocessador e Multiprocessador

Quando o S/360 foi lançado o hardware disponível era uma máquina com um simples processador contendo menos memória que as calculadoras de bolso de hoje. Com o tempo, maior foi a demanda por capacidade de processamento, seja aumentando o número de máquinas na configuração, seja aumentando o número de processadores em cada máquina.

Uniprocessadores são máquinas ou ambientes que utilizam um processador apenas. Multiprocessadores são máquinas ou ambientes que utilizam mais de um processador.

Uma máquina pode conter vários processadores e cada um desses processadores servir a um ambiente isolado. Neste caso sob o ponto de vista de ambiente, cada um desses ambientes é um ambiente uniprocessador, embora sob uma máquina com multiprocessadores.

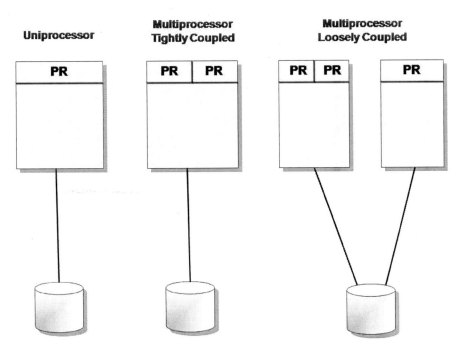

Figura 1.13 – *Uniprocessador e Multiprocessador*

1.7.3. Particionamento

Um novo conceito surge quando uma máquina é compartilhada por mais de um ambiente. Partição lógica ou LPAR é o nome dado a cada um desses ambientes. Assim uma máquina pode ser particionada em uma ou mais partições lógicas.

Cada LPAR (ou cada ambiente) executa um programa diferente que apesar de poder compartilhar fisicamente os mesmos recursos da máquina, são vistos logicamente como ambientes completamente isolados.

Existe um recurso na máquina denominado PR/SM (Processor Resource/System Manager) que permite ao operador alocar recursos de sistema (processadores, memória e recursos de I/O) e definir partições lógicas dentro da máquina.

Uma máquina no modo básico contém apenas um ambiente definido, independente do número de processadores. Uma máquina em modo LPAR contém mais de um ambiente definido. Os recursos dessa máquina são distribuídos entres os diversos LPAR's.

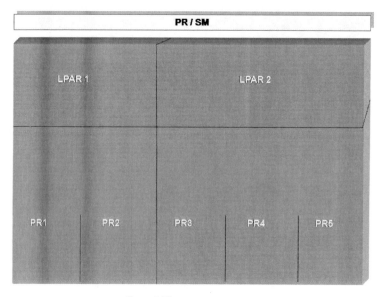

Figura 1.14 – *Particionamento*

1.7.4. Parallel Sysplex

Como vimos é possível ter configurações onde ambientes definidos em máquinas diferentes podem compartilhar em parte ou completamente a base de dados.

À medida que esse compartilhamento foi se tornando mais complexo onde vários arquivos eram acessados por ambos ambientes, e certa dose de lógica deveria ser implementada pelo programador para garantir a serialização e integridade do dado armazenado.

O Base Sysplex foi introduzido no sistema operacional MVS/ESA como uma evolução nesse contexto, através do componente denominado Recurso de Acoplamento Inter Sistemas (XCF – Cross System Coupling Facility), que provê as aplicações executando em ambientes diferentes recursos de compartilhamento de dados sem significante aumento de complexidade de programação.

O Parallel Sysplex é uma evolução do Base Sysplex, que provê o compartilhamento de dados entre vários ambientes, através de um novo componente de hardware (e não de software), denominado Processador de Acoplamento (CF – Coupling Facility).

Inicialmente o CF era um componente externo ao ambiente, uma máquina independente. Posteriormente, com a evolução, o CF passou a ser definido dentro de um LPAR, coexistindo com os outros ambientes, dentro de uma mesma máquina.

Integridade, disponibilidade e escalabilidade são as grandes caraterísticas do Parallel Sysplex.

Integridade pelo fato do compartilhamento de dado ser gerenciado e centralizado pela máquina. Disponibilidade por permitir que um ambiente como um todo seja dividido em vários pequenos ambientes interligados, residindo ou não no mesmo espaço físico. E escalabilidade pela possibilidade de se interligar mais e mais ambientes à medida que a demanda mude.

Neste contexto surgiu o Sysplex Timer, também um componente externo, compartilhado por todos os componentes do Parallel Sysplex, usado na sincronização do TOD Clock.

1.8. Arquitetura Z (Z-Architecture) e Z-series

Muitos dos conceitos básicos que vimos até agora foram introduzidos a décadas atrás junto com o sistema S/360 e evoluídos e melhorados ao longo do tempo

Por exemplo, para o endereçamento de memória, originalmente, só existia o 24 Bit Mode. O 31 Bit Mode foi introduzido, posteriormente, com a introdução da arquitetura estendida, ou XA.

Assim, ao longo do tempo, várias pequenas inovações foram se juntado a arquitetura original S/360, passando pelo S/370, XA, ESA, S/390. O resultado é o que temos hoje, que se denomina Z-Architecture. Z-series é a mais nova séria de máquina que suporta essa evolução da arquitetura.

1.8.1. Endereçamento em 64-Bit

A principal característica da arquitetura Z é a capacidade de endereçamento que passa a usar 64 bits, ou 64-Bit Mode. Com isso a capacidade de endereçamento que era de 16 megabytes em 24-Bit Mode e 2 gigabytes em 31-Bit Mode, passa para 16 exabytes (1.8 x 10**19 bytes) em 64 Bit Mode.

A arquitetura Z provê a compatibilidade com as arquiteturas anteriores de tal maneira que programas desenvolvidos utilizando endereçamento em 24-Bit e 31-Bit possam ser executados em modelos de máquina com a arquitetura Z. Essa é uma característica fundamental para garantir que o upgrade para os novos modelos de máquina não irá gerar sistemas obsoletos.

Vários recursos da arquitetura antiga foram adaptados para formar a arquitetura Z. Todos os registradores possuem agora 64 bits ao invés de 32 bits. A PSW ao invés de 64 bits possui agora 128 bits, sendo que 64 bits são destinados ao endereçamento da próxima instrução. Instruções passam a operar com operando em 64 bits. Novas instruções específicas à nova arquitetura foram introduzidas. A área pré-fixada de 4k (0–4095) passa a ter 8K.

Surge o conceito de modo de endereçamento em 64 Bit e modo de operação em 64 Bit. Ambos os modos visam a implementação de compatibilidade entre as diversas arquiteturas. Encontraremos programas utilizando a nova capacidade de memória em 64 Bit, porém, usando ainda instruções cujos operandos sejam vistos como números de 32 bits. E por outro lado, existirão programas que utilizam a aritmética de 64 bits, mas limitam o endereçamento em 31-Bit.

Uma vez que existem agora três modos diferentes de endereçamento, também existe o suporte para a transição entre eles. Por exemplo, um programa pode executar em 24-bit Mode e mudar para 64-bit Mode. A PSW além de conter bit mask para designar 24-bit Mode ou 31-bit Mode, possui também um novo bit mask para especificar 64-bit Mode.

Para operações de I/O um novo formato de IDAW foi incluído para possibilitar o endereçamento de memória em 64-bit Mode. Um bit mask na ORB especifica se a CCW relacionada ao I/O irá trabalhar com o formato antigo da IDAW (31-bit Mode) ou o novo.

Outro conceito introduzido pela arquitetura Z é as páginas de 1M, conhecido como Large Pages. Na realidade existe suporte para que um Segmento inteiro de 1M seja colocado em páginas consecutivas de memória absoluta. Dessa forma elimina-se a necessidade do segundo nível de tradução, o da Page Table. Apenas a Segment table é indexada.

O endereço absoluto formado neste caso será formado pela tradução (DAT) do endereço do segmento de virtual em real, concatenado com o endereço virtual da página e do byte. Este conceito de página de 1M visa a melhor performance uma vez que se elimina o segundo nível de tradução.

1.8.2. Processadores Especiais

Com a introdução do Z-series, junto com a tentativa de alavancar e expandir o uso dos mainframes, processadores com características especiais de uso e de custo foram lançados.

A grande vantagem da introdução desses processadores especiais é que o fato de que adicionar mais processadores a configuração, não acarreta uma mudança no modelo de custo por software ou MSU rate. Para processadores convencionais, quanto mais numerosos e quanto mais potentes, maior é o custo relacionado à licença de softwares.

Tradicionalmente fabricantes de software Z/OS não cobram por capacidade extra provida por esses processadores especiais. Além disso, esses processadores também são mais baratos se comparados com os processadores tradicionais.

Assim, a configuração mainframe pode ser facilmente expandida sem afetar dramaticamente o custo proveniente da expansão física e proveniente das licenças de software.

1.8.2.1. Processador IFL (Integrated Facility for Linux).

São processadores especiais dedicados a executar código de Linux, seja nativo, seja sob o controle do sistema operacional z/VM. Possui micro código que restringe o IFL de executar carga de trabalho 'tradicional'.

Linux pode ser executado em processadores convencionais e processadores IFL. Porém, com o IFL o desempenho é melhor e o custo é menor.

1.8.2.2. Processador zAAP (Application Assist Processor).

São processadores especiais dedicados a executar em código Java e XML.

Código em Java, ocasionalmente, chama códigos nativos de sistema (serviços de I/O, por exemplo) e por consequência é necessário que haja alguma capacidade de processador convencional presente. O sistema é desenvolvido de tal forma a utilizar o processador convencional, nesse caso e o zAAP, para o resto do código Java. A transição entre um processador e outro é completamente transparente ao programa.

1.8.2.3. Processador zIIP (Integrated Information Processor).

São processadores especiais com o objetivo de aliviar do processador convencional, carga de processamento no ambiente DB2.

A idéia original do zIIP foi resultado da implementação do zAAP e IFL, e possui características análogas.

1.8.3. Backup de Capacidade – CBU (Capacity Backup).

É o recurso que permite o ágil incremento temporário, permanente, ou emergencial de capacidade de processamento através da ativação dinâmica de processadores 'dormentes'.

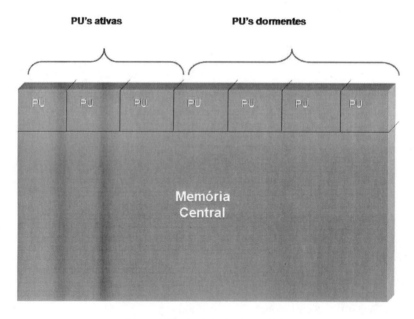

Figura 1.15 – *Backup de Capacidade*

Os servidores são distribuídos com um número máximo de processadores físicos, denominados unidades de processamento (PU). Na definição final da configuração são descriminados quantos desses PU's serão ativados, seja como processador central, seja como zAAP, ou zIIP, ou IFL, ou CF. Aquelas PU's não especificadas na definição da configuração ficam no estado dormente. São essas PU's dormentes que podem substituir as ativas em caso de falha ou ser adicionada a configuração no caso de incremento de capacidade.

Assim essa capacidade incremental ou emergencial pode ser ativada imediatamente sem necessidade de mudança de hardware, a um custo menos elevado. Esse conceito segue a filosofia 'On Demand' lançada pela IBM.

1.9. Sistemas Operacionais de Mainframe

Neste capítulo veremos alguns detalhes de três dos principais sistemas operacionais disponíveis no Mainframe: MVS, VM e TPF.

O sistema z/OS será tratado na parte 2 deste livro.

1.9.1. MVS (Multiple Virtual System)

Nos primórdios da introdução da arquitetura S/360, haviam dois sistemas operacionais disponíveis: o MFT (Multiprogramming with a Fixed number of Tasks) e o MVT (Multiprogramming with a Variable number of Tasks).

O MFT foi desenvolvido com o intuito de prover um sistema operacional "temporário" até que o MVT (alvo na época) estivesse disponível. Porém o MFT 'sobreviveu' vários anos evoluindo para o OS/VS1.

A característica principal do MFT e OS/VS1 era possuir um número fixo de partições e cada partição com um tamanho fixo de memória. Um programa para ser executado deveria iniciar sua execução dentro de uma partição. Cada programa executando (e multiprogramando) ocupava uma partição diferente. O número máximo de programas executando ao mesmo tempo era o número de partições.

Também como característica principal do MFT e do OS/VS1 era o tipo de carga de trabalho, que era mais voltada a aplicações batch.

O MVT é uma sofisticação do MFT, com uso mais eficiente de memória. Ao invés de usar partições com tamanho fixo de memória, o MVT alocava memória para programas à medida do necessário. Não havia um limite do número de programas executando ao mesmo tempo.

Com a introdução da memória virtual, o MVT evoluiu para o OS/VS2, e de lá para o MVS.

A característica principal do MVS é ter a carga de serviço dividida em várias partições denominadas Address Space. O número e tamanho dos Address Spaces não é nem fixo nem limitado. Além da carga de aplicações batch, o MVS também suporta a iteração com usuários on-line através do TSO.

Em cada Address Space pode ser executado um programa que também é denominado Task. Sob sua gerência, esse programa pode iniciar outros programas em paralelo denominado subtasks. Assim o MVS, como um todo, é compartilhado por várias task e subtasks em execução nos vários Address Spaces ativos.

O MVS evoluiu para o MVS/XA, para o MVS/ESA, para o OS/390 e, finalmente, para o z/OS.

1.9.2. TPF (Transaction Processing Facility)

Em 1965 foi desenvolvido pela IBM um sistema operacional denominado Airline Control Program ou ACP destinado ao processo de transações em tempo real de empresas aéreas (sistema de reservas de passagem).

O diferencial do ACP era a portabilidade entre os diversos modelos de mainframe da arquitetura S/360. O ACP viria substituir os vários sistemas das diversas airlines, cada um dependente do seu modelo de máquina.

Mais a frente o ACP passou a ser comercializado como ACP/TPF e, finalmente, apenas como TPF. O TPF passou a servir não somente a empresas aéreas, mas também a empresas de cartão de crédito, redes de hotéis, locadoras de automóveis, bancos, serviços de entrega e redes de varejo. Todas com a mesma característica: alto volume de transações de consulta e atualização em tempo real.

O TPF provê o processamento rápido, em alto volume, de transações simples de consulta e atualização, através de uma extensa rede de comunicação de alta dispersão geográfica, e com alto índice de disponibilidade (24x7). Os maiores sistemas baseados em TPF podem processar até 10.000 transações por segundo.

Apesar de existir outros sistemas transacionais como o CICS e o IMS, o diferencial do TPF é o grande volume de transações, alto número de usuários concorrentes e rápido tempo de resposta.

Unidades de trabalho denominadas ECB são criadas a partir de mensagens de entrada recebidas através da rede de comunicação. A ECB permanecerá ativa até o fim do processo ao qual foi destinado, onde, normalmente, ocorre o envio do resultado do processamento através de uma mensagem de saída.

Várias mensagens de entradas (e por consequência, várias ECBs) são processadas ao mesmo tempo. Existe um enfileiramento de ECBs a serem processadas. A medida que uma ECB em atividade necessita um recurso (por exemplo, ler um dado), esta ECB é posta em espera, e outra ECB da fila de entrada começa a ser processada. Esse ciclo nunca é interrompido de tal maneira que sempre existirá uma ECB em atividade.

O TPF possui uma grande base de dados conectada no qual se encontram dados e programas que são acessados em memória. Para agilizar o acesso existe uma enorme área de memória denominada VFA onde são gravados todos os registros (dados e programas) lidos antes que eles sejam destinados ao uso por parte das ECBs. A VFA deve ser grande o suficiente para evitar um número alto de I/O físico. O TPF ao processar uma ECB que deseja ler um dado, vai pesquisar a VFA antes de emitir um I/O. Esse recurso é uma das grandes vantagens do TPF em termos de agilidade.

O TPF pode ser encontrado num ambiente de uniprocessador onde um sistema de TPF com um processador apenas, está conectado a uma base de dados. Também existe o TPF Tightly Coupled, que é um sistema TPF numa máquina com vários processadores. Ou ainda o TPF Loosely Coupled, que são vários sistemas TPFs, em máquinas diferentes, compartilhando o mesmo database.

O TPF é agora comercializado como z/TPF.

1.9.3. VM (Virtual Machine)

O conceito característico do VM é o de um programa de controle que executa no hardware e que virtualiza a operação e arquitetura de uma ou várias máquinas. Em outras palavras o VM cria várias "máquinas virtuais", vários ambientes lógicos, dentro de uma máquina física.

Cada um desses ambientes lógicos se denomina (muito propriamente) "máquina virtual". Sob o VM podem ser criadas e gerenciadas várias máquinas virtuais, cada qual com seu espaço lógico de memória próprio, unidades de I/O lógicas, e com a capacidade de executar qualquer sistema operacional que seja suportado no estado nativo, ou 'stand alone'.

Exemplos de sistemas operacionais que o VM suporta são o MVS, o TPF, o próprio VM, o Linux e o CMS.

O CMS (Conversational Monitor System) é um sistema individual (um usuário) que possui uma característica iterativa similar a de um PC, que inclui um sistema de gerenciamento de arquivos, de desenvolvimento e execução de programas, de acesso a unidades de I/O, etc.

É possível executar um VM sob ou outro VM. Inclusive essa é uma das maneiras pela qual o VM pode ser desenvolvido, mantido e testado.

O VM também suporta o Linux, que foi uma das grandes armas para o ressurgimento ou reaquecimento do VM. Sob o VM é possível virtualizar inúmeras máquinas (ou servidores) executando Linux. Isso tem uma enorme aplicação imediata na substituição de inúmeros servidores físicos racionalizando, principalmente, espaço e manutenção de software.

Hoje o VM é comercializado como z/VM.

Parte 2

Introdução ao Sistema Operacional z/OS

2.

Histórico dos Sistemas Operacionais

O objetivo deste capítulo é apresentar um breve histórico da evolução dos sistemas operacionais para maiframes IBM, que deram origem ao atual z/OS. Essa exposição é importante, principalmente, para um sistema operacional que evolui há tanto tempo, uma vez que aspectos fundamentais na estrutura do sistema possuem caráter essencialmente histórico. Alguns termos como, por exemplo, "a linha" e "a barra" são mais facilmente entendidos nesse contexto.

Esse capítulo também apresenta uma breve revisão de alguns conceitos de arquitetura importantes para o entendimento da evolução desses sistemas.

Um tema cetral nessa exposição é o crescimento e gerenciamento da memória central (ou principal), uma vez que esse foi o componente que mais trouxe adições e modificações a arquitetura e aos sistemas operacionais nos últimos tempos.

2.1. Décadas de 40 e 50 – Os primeiros sistemas operacionais

Na década de 40 os computadores eram operados manualmente, não existiam sistemas operacionais. Os primeiros sistemas operacionais surgiram na década de 50, em instalações de clientes, no intuito de aumentar a utilização da máquina, maximizando assim seus investimentos. Estes sistemas evoluíram a partir de bibliotecas de subrotinas de entrada e saída (E/S), que eram necessárias em grande parte dos programas, e programas que efetuavam o sequenciamento automático de jobs.

É aceito que o primeiro sistema operacional teria sido desenvolvido na General Motors — O General Motors OS — para um IBM 701 em 1955. Nesta época a IBM possuía linhas diferentes de máquinas incompatíveis entre si. O 7094 (uma evolução do Sistema 701) era uma máquina voltada para cálculos enquanto que o 1401 era uma máquina voltada para realizar de forma eficiente operações de E/S..

2.2. Década de 60 – O Sistema/360

Em 1964, com uma equipe liderada por Gene Amdahl (arquiteto chefe), Gerrit Blaauw e Fred Brooks, a IBM anuncia o System/360 (S/360).

O S/360 não era uma máquina e sim uma *arquitetura*, ou seja, uma especificação de como o software deve operar. Máquinas de diferentes modelos e com capacidades e preços diferentes (modelos 30, 40, 50, 60, 62, 70,...) podem *implementar* a mesma arquitetura. A compatibilidade no nível do software é garantida, preservando assim o investimento do cliente em caso de upgrades para modelos superiores.

As principais características da arquitetura do S/360 são:

- Arquitetura **CISC** (*Complex Instruction Set Computer*). Possui vários formatos e tamanhos de instrução, operações registrador/registrador, registrador/memória e memória/memória.
- 16 registradores de propósito geral (GRs) de 32 bits cada.
- Uma Program Status Word (PSW) de 64 bits contém endereço da próxima instrução e status de execução.
- Uma memória central de até 16 MB (endereços de 24 bits).
- Arquitetura **Big endian**, ou seja, o byte mais significativo de uma palavra é armazenada no maior endereço (em contraste com a arquitetura x86 que é *little endian*).
- Um subsistema de canal (channel subsystem) para realizar operações de entrada e saída (E/S).

A figura 2-1 mostra os principais elementos da arquitetura do S/360 com sua PSW e seus 16 GRs.

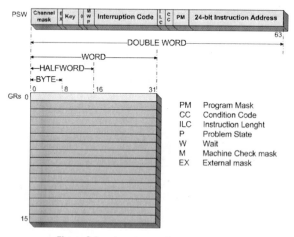

Figura 2.1 – *Arquitetura do Sistema/360*

O S/360 permite o endereçamento de uma memória central de até 16MB através de endereços de 24 bits. Isso era uma enormidade para a época, visto que o modelo 65 possuía apenas 512 Kbytes de memória central.

Para endereçar a memória, o programador especifica o endereço por um registrador base mais um deslocamento (e opcionalmente um registrador de índice). Quando o registrador GR0 é usado como base o valor zero, e não o conteúdo do registrador zero, é usado para endereçar a memória.

A figura 2.2 mostra o exemplo de uma instrução no formato RX endereçando a memória central. Como o exemplo ilustra, o conteúdo do registrador base é somado ao conteúdo do registrador de índice e o ao campo de deslocamento da instrução. O resultado da soma destas três parcelas é o endereço de memória.

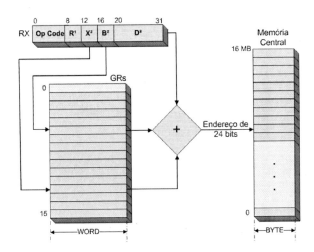

Figura 2.2 – *Endereçamento do Sistema/360*

O S/360 já oferecia suporte a um programa de controle (sistema operacional) que poderia controlar a execução de vários programas de forma concorrente na máquina. Para tal, dois estados de execução são controlados pelo bit P (bit 15) na PSW. O estado de problema (aplicação) quando P=1 e o estado de supervisor (SO) quando P=0.

As instruções privilegiadas, como por exemplo, as instruções de E/S, só podem ser executadas quando a máquina está operando em estado de supervisor. Para realizar uma operação de E/S, a aplicação deve solicitar a mesma para o sistema operacional através da instrução SUPERVISOR CALL (SVC). A instrução SVC, provoca uma interrupção, transferindo o controle do processador para o sistema operacional, em estado supervisor. O sistema operacional realiza então a operação de E/S para a aplicação.

Para que os programas não causem interferência uns nos outros, e no sistema operacional, a memória central é protegida através de chaves de proteção. A figura 2.3 ilustra o esquema de proteção de memória do S/360. Nesse esquema, existe uma chave de proteção associada a cada bloco de 4 Kbytes de memória central. Existe também uma chave de proteção na PSW (PSW Key), que determina o privilégio de aceso do programa em execução. A chave (PSW Key) zero funciona como uma chave mestra e acessa qualquer posição de memória. Para uma PSW key diferente de zero, deve haver um *match* entre a PSW key e a chave de memória, para que o acesso seja concedido. Além disso, um bit de Fetch Protection (F) indica se um determinado bloco pode ser lido por qualquer PSW Key. Se F = 0, então a leitura do bloco é pública. Se o acesso for negado, uma interrupção é gerada.

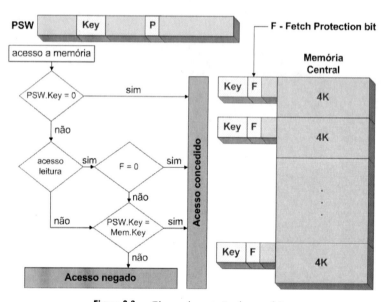

Figura 2.3 – *Chaves de proteção de memória*

No S/360 as operações de E/S são realizadas pelo subsistema de canal – **Channel Subsystem**. Cada canal funciona como um processador independente e executa um conjunto próprio de instruções. As instruções de canal são conhecidas como **Channel Command Words** (CCWs). Cada dispositivo é identificado por um **Número de Subcanal**. O término das operações de E/S são sinalizadas por uma **interrupção**.

A figura 4 ilustra um processador executando a instrução privilegiada START SUBCHANNEL (SSCH) que inicia uma operação de E/S. O registrador GR0 deve conter o número do subcanal. Um operando de memória dessa instrução contém o endereço de um Operation Request Block (ORB), que é uma estrutura de dados em memória. A ORB, por sua vez aponta para um programa de canal. O programa de canal possui os endereços dos buffers em memória onde serão realizadas as entradas ou saídas de dados.

Histórico dos Sistemas Operacionais

Em relação aos sistemas operacionais a IBM tinha intenção de dotar o S/360 com dois SOs: O OS/360 (batch) e o TSS/360 (timesharing).

Os dois projetos tiveram sérios problemas, e a IBM lançou versões de sistemas operacionais mais simples (BOS/360, TOS/360, DOS/360) para manter as vendas do S/360. Após um tempo, Fred Brooks escreve "Mythical Man-Month" relatando os problemas e lições do projeto desses sistemas. Esse livro forma os primórdios da disciplina de Engenharia de Software.

O OS/360 se torna não um sistema, mas uma família de sistemas similares. O PCP (Primary Control Program) foi uma versão inicial do OS/360 mono tarefa. OS/MFT (Multiprogramming with Fixed number of Tasks) possuía multiprogramação com um número fixo de tarefas e o OS/MVT (Multiprogramming with Variabled number of Tasks) possuía multiprogramação com um número variado de tarefas.

Como o TSS/360 não decolou a IBM acabou por implementar uma opção timesharing (Time Sharing Option – TSO) em cima de um sistema batch, o MVT.

A figura 2.4 mostra as principais linhas de sistemas operacionais para Mainframes e como elas evoluíram ao logo do tempo.

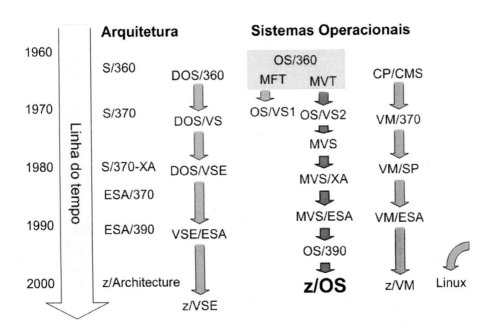

Figura 2.4 – *Evolução dos Sistemas Operacionais para Mainframes*

2.3. Década de 70 – O Sistema/370

Em junho de 1970 a IBM lança o System/370 como uma extensão ao S/360. As principais adições em relação ao S/360 são 16 registradores de controle (CRs), multiprocessamento simétrico (SMP), ou seja, dois ou mais processadores compartilhando memória e executando a mesma cópia do sistema operacional e **memória virtual**.

A figura 2.5 ilustra as principais adições arquiteturais do S/370 em relação ao S/360.

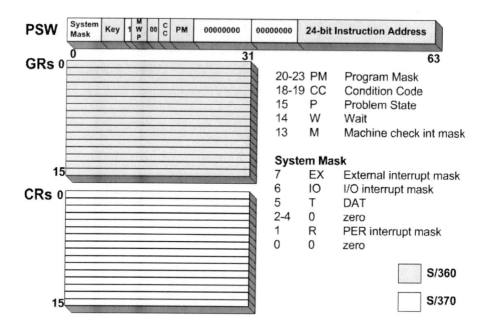

Figura 2.5 – *Arquitetura da Sistema/370*

O mecanismo de memória virtual proporciona a desvinculação do endereço gerado pelo programa (endereços virtuais) dos endereços de memória central (endereços reais). A memória central é dividida em blocos de tamanhos fixos chamados *frames*. A memória virtual, por sua vez, também e dividida em blocos de mesmo tamanho, chamados de *páginas*.

O hardware de *Dynamic Address Translation* (DAT) faz a tradução dinâmica do endereço virtual para real, utilizando tabelas de tradução em memória. Essas tabelas são criadas e atualizadas pelo sistema operacional. Nem todas as entradas das tabelas de tradução precisam estar válidas durante a execução de um programa, permitindo que um programa seja apenas parcialmente carregado em memória. Mais ainda, regiões contíguas da memória virtual (páginas) podem estar espalhadas em frames não contíguos da memória central, dando mais flexibilidade para o sistema no gerenciamenteo de memória.

Durante a execução dos programs, páginas pouco referenciadas podem ser transferidas para disco, liberando memória central para dados mais recentemente utilizados. Quando isso ocorre, a entrada na tabela de tradução que faz o mapeamento desse endereço é marcada como **inválida**.

Se durante o processo de tradução, o DAT precisar consultar uma entrada dessas tabelas que se encontra inválida, ocorrerá uma interrupção conhecida como **falha de página**. Nesse momento o sistema operacinal poderá carregar a página solicitada (indiretamente) pelo programa do disco em um frame livre de memória central, atualizar a tabela de mapeamento para o endereço utilizado, e reexecutar a instrução que provocou a falha de página. Essa operação é completamente transparente para o programa.

A figura 2.6 ilustra as tabelas e o processo de tradução usados pelo DAT do S/370. O endereço virtual é dividido em três partes. Os 12 bits menos significativos do endereço virtual representam um deslocamento dentro de uma página de 4K. Os 8 bits seguintes, representam um índice para a tabela de página. Os quatro bits mais significativos representam um índice para a tabela de segmentos. O registrador de controle CR1 contém

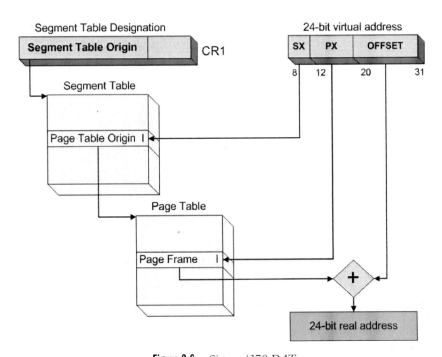

Figura 2.6 – *Sistema/370 DAT*

o endereço real da tabela de segmentos (segment table). Cada entrada da tabela de segmentos contém, por sua vez, o endereço real de uma tabela de páginas (page table). Cada entrada da page table aponta pra um frame de memória central. Tanto as segment tables como as page tables podem estar inválidas, ou seja, não possuem um mapeamento válido. O endereço virtual contém índices para as entradas nessas tabelas sendo assim mapeado em um endereço real.

Nos sistemas operacionais o OS/VS1 foi o sucessor do OS/MFT. O OS/VS1 era o MFT com memória virtual e não foi adiante. OS/VS2 foi o sucessor do OS/MVT e nada mais era do que o MVT, mais memória virtual.

Em 1974 a IBM lança o OS/VS2 Release 2. Nessa versão, diferentes aplicativos podem executar em espaços de endereçamentos – address spaces – distintos. Proporcionando um isolamento de memória em um nível além das storage protection keys. Esse sistema ficou conhecido como **MVS – Multiple Virtual Storage**. A partir desse momento o OS/VS1 ficou conhecido como Single Virtual Storage (SVS).

A figura 2.7 ilustra a diferença desses sistemas com relação ao gerenciamento da memória.

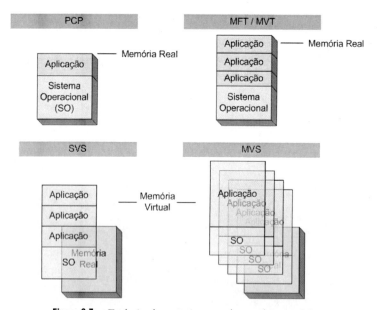

Figura 2.7 – *Evolução do gerenciamento de memória nos SOs*

Cada Addresss Space (AS) tem seu próprio conjunto de segment tables e page tables.

Histórico dos Sistemas Operacionais

O MVS divide os ASs em duas áreas principais. Uma área comum que é compartilhada por todos os ASs e uma área privada exclusiva de cada AS.

A área comum é subdividida em:
- SQA – System Queue Area
- LPA – Link Pack Area (PLPA, MLPA, FLPA)
- Nucleus
- PSA – Prefix Save Area.

A área comum é implementada através do compartilhamento de page tables como mostra a figura 2.8.

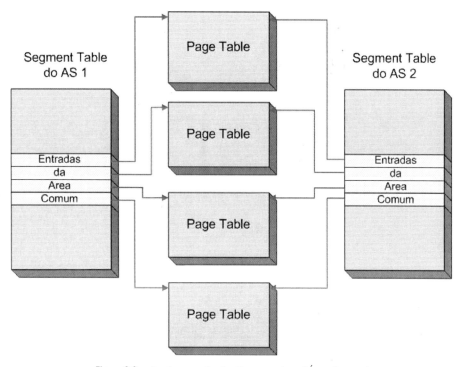

Figura 2.8 – *Implementação da Common Area (Área Comum)*

A área privada é dividida em:
- LSQA – Local System Queue Area
- SWA – Scheduler Work Area
- User Region

A figura 2.9 ilustra o address space do MVS.

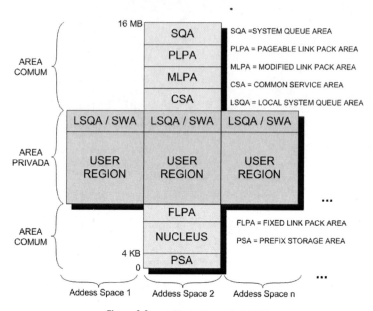

Figura 2.9 – *Address Space do MVS*

A SQA (System Queue Area) é uma área onde residem tabelas e filas (dados) relacionadas ao sistema como um todo.

A LPA (Link Pack Area) é uma área onde ficam programas compartilhados por todos ASs. É subdividida em:
- PLPA – Pageable LPA – porção paginável da LPA
- FLPA – Fixed LPA – porção não paginável (fixa) da LPA
- MLPA – Modifiable LPA – porção utilizada para modificações temporárias na LPA

Grande parte dos programas da LPA está na PLPA (área paginável). Programas que executam infrequentemente, porém quando chamados precisam apresentar um tempo de resposta baixo, devem ser carregados da FLPA. É o administrador do sistema (system programmer) quem determina o conteúdo da LPA e, portanto, decide em que área da

LPA o programa será carregado. Se um programa que é executado com frequência, precisar de um tempo de resposta baixo, provavelmente, não precisará ser colocado em uma área não paginável, uma vez que os algoritmos de paginação o manterão em memória central.

A MLPA existe porque nem toda inicialização do sistema operacional refaz a PLPA. Se o administrador do sistema não especificar um "cold-start" na inicialização do sistema operacional, então os programas da PLPA, dessa inicialização, serão trazidos diretamente do arquivo de paginação que foi construído no último "cold-start". A opção de não refazer a PLPA existe para reduzir o tempo de inicialização do sistema. Colocando programas na MLPA, o administrador do sistema pode carregar um novo módulo na LPA sem a necessidade de um "cold-start".

A CSA (Common Service Area) é usada para compartilhamento de informações entre os vários ASs do sistema.

O Nucleus contém o núcleo do sistema operacional.

A PSA (Prefix Save Area) é uma área utilizada pelo hardware e pelo SO para tratamento de interrupções. Existe uma PSA por processador. Isso é possível graças ao mecanismo de prefixing.

A LSQA (Local System Queue Area) é uma área de filas e tabelas relacionadas somente a esse AS específico. A SWA (Scheduler Work Area) contém informações relacionadas ao controle de jobs e, finalmente, a User Region é a área aonde serão carregados os programas de aplicação.

2.4. Década de 80 – S/370-XA e ESA/370

O isolamento proporcionado pelos múltiplos address spaces é extremamente benéfico para o isolamento de falhas no sistema, porém essa organização trás algumas dificuldades para comunicação entre processos. A comunicação é realizada através da CSA, aumentando a demanda por área comum e diminuindo a área privada. Essa comunicação é assíncrona, ou seja, após copiar as informações na CSA, um AS agenda a execução de uma rotina no outro AS via sistema operacional, notificando assim o AS destino. Outro problema relacionado é que o espaço de endereçamento de 16 MB começa a tornar-se insuficiente. Para resolver parte desses problemas, foi criado um mecanismo de DAS (Dual Address Space) que permite o endereçamento simultâneo de dois AS (Primary e Secondary). Nesse esquema o registrador CR1 aponta para a tabela de segmento do AS primário (como antes) e o registrador CR7 aponta para a tabela de segmento do AS secundário. Desse modo, dois address spaces podem ser endereçados simultaneamente por um programa em execução.

Um bit na PSW indica se os operandos estão no AS primário ou secundário. As instruções estão sempre no AS primário. As instruções MOVE TO PRIMARY (MVCP) e MOVE TO SECONDARY (MVCS) movem dados do AS secundário para o primário e vice-versa, respectivamente, independente da configuração da PSW. Além disso, uma instrução de PC (Program Call) permite a passagem de controle síncrona (sem intervenção do SO) entre ASs.

A figura 2.10 ilustra um programa em um AS fazendo um Program Call para executar um programa em outro AS.

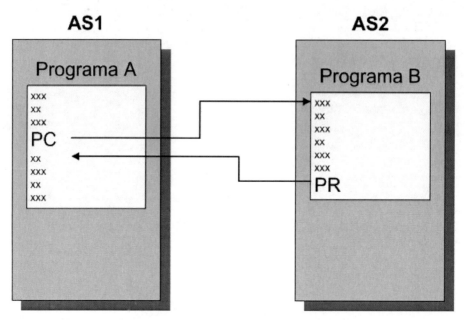

Figura 2.10 – *Dual Address Space Facicity*

O Mecanismo de DAS foi introduzido no S/370, mas só se tornou padrão no System/370 Extended Architecture (370-XA). Além do DAS, o S/370-XA introduziu o endereçamento virtual e real de 31 bits. Nessa forma de endereçamento o índice de segmento (SX) do endereço virtual aumenta para 11 bits e o tamanho da entrada das tabelas de página aumenta para 32 bits. O endereçamento de 24-bits é mantido por compatibilidade e controlado por um bit (A) na PSW. Por suportar os dois modos de endereçamemto, dizemos que a arquitetura é **bi modal**. A pressão pelo aumento de memória continua, e a IBM anuncia o Enterprise System Architecture/370 (ESA/370) para "aliviar horizontalmente" o espaço de endereçamento. Essa arquitetura introduz 16 novos registradores de acesso (ARs) de 32 bits cada. Cada AR pode ser carregado com um ALET (Access List Entry Token) que endereça (indiretamente) um address space. Com isso, 16 address spaces podem ser endereçados simultâneamente. Os valores zero e um designam os address spaces primário e secundário, respectivamente. Novos bits na

PSW (AS) controlam o uso dos ARs. As extensões realizadas nas arquiteturas ESA/370 e 370-XA, em relação à arquiterua do S/370, estão ilustradas na figura 2.11.

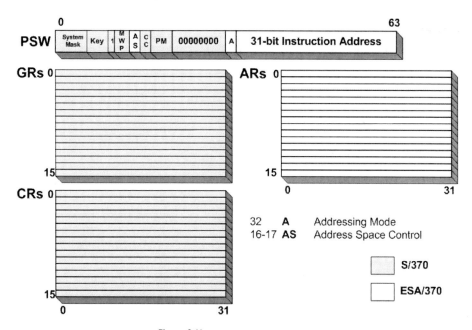

Figura 2.11 – *Arquitetura ESA/370*

Os Address Space Control bits (AS) na PSW controlam o modo de endereçamento dos vários address spaces e significam:

- AS=00 (**Primary Space**) – Instruções e Operandos no AS primário (CR1)
- AS=01 (**Access Register**) – Instruções no AS primário e operandos em ASs referenciados pelos ARs
- AS=10 (**Secondary Space**) – Instruções no AS primário e operandos no AS secundário (CR7)
- AS=11 (**Home Space**) – Instruções e operandos no Home AS (CR13)

Quando o processador está em access *register mode* (AS=01 na PSW), o campo da instrução que especifica um registrador base também especificará um registrador de acesso. O ALET carregado nesse registrador de acesso designará um segment table que será usada pelo DAT no processo de tradução do endereço virtual para real.

Em relação aos sistemas operacionais, o MVS acompanha as gerações de arquiteturas com as versões MVS/XA e MVS/ESA proporcionando address spaces de 2GB, Cross

Memory Services, Data Spaces e Data in virtual (DIV). O Cross Memory Services explora a facilidade de DAS permitindo a passagem síncrona de controle e a transferência de dados entre ASs. Os Data Spaces são address spaces só para dados (sem área comum nem subdivisão de áreas) endereçáveis via ARs. O mecanismo de Data in Virtual permite o mapeamento de um arquivo em uma região de memória virtual.

A figura 2.12 ilustra o novo address space de 2GB do MVS. Cada área do antigo address space recebe uma correspondente estendida.

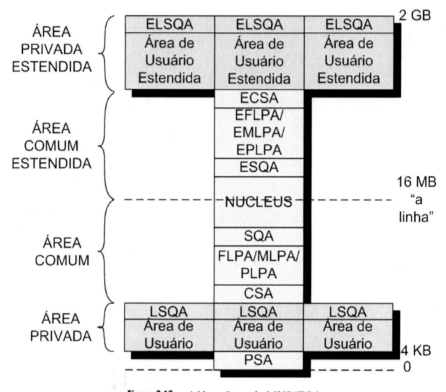

Figura 2.12 – *Address Space do MVS/ESA*

2.5. Década de 90 – ESA/390

A arquitetura ESA/390 não trouxe adições significativas à arquitetura. O sistema operacional dessa geração de máquinas foi o **OS/390**.

Histórico dos Sistemas Operacionais

A principal mudança foi a tecnologia de cluster chamada **Parallel Sysplex** acrescentada posteriormente. O Parallel Sysplex possibilita o compartilhamento de dados e programas entre diferentes imagens de sistema operacional. Essa tecnologia será abordada em um capítulo posterior deste livro.

2.6. De 2000 até o presente – Arquitetura Z

No ano 2000 a IBM anunciou a z/Architecture. Essa é uma arquitetura genuinamente de 64 bits. Possui registradores gerais de 64 bits, registradores de controle de 64 bits e endereçamento real e virtual de 64 bits.

Além do endereçamento de 64 bits, as formas de endereçamento antigas (24 e 31) são suportadas. Por isso se diz que essa é uma arquitetura **tri modal**.

Um novo bit (EA) na PSW, combinado com o bit BA (antigo bit A) controlam o modo de endereçamento (ou *addressing mode* – AMODE) como indica a figura 2.13. Se EA=0, BA controla endereçamento como antes (24 ou 31). Se EA=BA=1 o modo de endereçamento é de 64 bits.

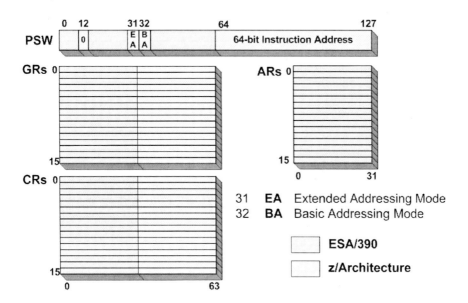

Figura 2.13 – *Arquitetura do Sistema Z (z/Architecture)*

O endereço virtual ganhou 33 novos bits. Os 33 bits foram divididos em três regiões de 11 bits cada. Com isso, mais três níveis de tabelas de tradução foram acrescentadas: *Region Third Table*, *Region Second Table*, *Region First Table*. Para minimizar o overhead adicional de tradução, o sistema operacional pode selecionar o nível inicial de tradução como sendo uma das region tables ou a segment table, como ilustra a figura 2.14.

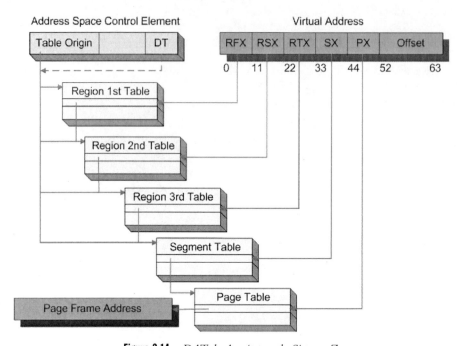

Figura 2.14 – *DAT da Arquitetura do Sistema Z*

Todas as tabelas de tradução do DAT (region tables, segment table e page table) residem em memória central. Com isso temos uma situação extremamente indesejada que para cada acesso do processador a memória central, seria necessário, no mínimo, mais dois acessos a memória para consultar as tabelas de tradução. No pior caso, mais cinco acessos seriam necessários. Esse overhead é inaceitável uma vez que o tempo de acesso a memória central é muito alto para o processador.

Para contornar essa situação, o DAT armazena o resultado das traduções recentemente realizadas em uma tabela que reside em memória interna ao processador, com tempo de acesso muito menor que a memória central. Essa tabela é conhecida como *Translation Lookaside Buffer* (TLB). A TLB armazena apenas uma fração das traduções de um espaço de endereçamento, pois seu tamanho é limitado devido às limitações de áreas de memória dentro do processador e os requisitos de tempo de acesso baixo.

Histórico dos Sistemas Operacionais

Com o surgimento do endereçamento de 64-bits, a TLB passou a armazenar uma fração pequena do espaço de endereçamento. Com isso, aplicações que fazem uso intensivo de memória podem sofrer um overhead significativo devido à necessidade frequente de consulta, pelo DAT, as tabelas de tradução em memória central. Para aliviar esse problema, a IBM introduziu na z10 (sua máquina mais recente nesse momento) o suporte a páginas de 1 MB (*large page support*).

O suporte a páginas de 1 MB permite que uma segment table, ao invés de apontar para uma page table, aponte direto para um endereço em memória central correspondente a 256 frames de 4K consecutivos. Com isso cada entrada na TLB passa a ter uma cobertura muito maior do espaço de endereçamento de 64-bits, reduzindo potencialmente o overhead de tradução para aplicações que fazem uso intensivo de memória.

O sistema operacional passou a se chamar **z/OS**. O z/OS acompanha a arquitetura suportando address spaces de até 16 exabytes (64-bits). Acima da faixa de 2GB (chamada de **barra**) apenas dados são endereçados. No z/OS, os programas são carregados sempre abaixo da barra. A figura 2.15 ilustra o address space do z/OS.

O *large page support* é suportado pelo z/OS a partir da versão 1.9. As páginas de 1 MB não são pagináveis e só são usadas para respaldar a área privada acima da barra.

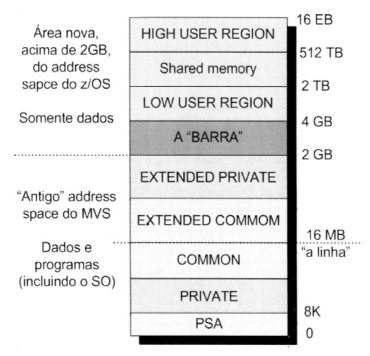

Figura 2.15 – *Address Space do Sistema z/OS*

2.7. Referências

C. A. Scalzi, A. G. Ganek, R. J. Schmalz, "Enterprise Systems Architecture/370: Na architecture for multiple virtual space access and authorization", IBM Systems Journal 28.

C. E. Clark, "The facilities and evolution of MVS/ESA", IBM Systems Journal 28.

D. Elder Vass, "MVS Systems Programming", Livro texto sobre MVS.

G.M. Amdahl, G. A. Blaauw, F.P. Brooks, "Architecture of the System/360", IBM Journal of Research and Development 8.

H. M. Deitel, "Operating System Concepts – second edition", Livro texto de sistemas operacionais.

IBM Corporation, "MVS Initialization and Tuning Guide", Manual.

IBM Corporation, "z/Architecture Principles of Operation", Manual.

K. E. Plambeck, "Concepts of Enterprise Systems Architecture/370", IBM Systems Journal 28.

K. E. Plambeck, W. Eckert, R. R. Rogers, C. F. Webb, "Development and attributes of z/Architecture", IBM Journal of Research and Development 46.

P. Rogers, A. Salla, L. Souza, "ABC's of System Programming Volume 10", IBM Redbook.

Silberchatz, P. B. Galvin, "Operating System Concepts – fifth edition", Livro texto de sistemas operacionais.

3.

Estrutura do z/OS

3.1. Elementos e Componentes

O z/OS é um grande ambiente operacional organizado em elementos (*elements and features*) Cada elemento executa uma função específica no sistema. Essa organização evita replicação de código, aumenta confiabilidade e facilita manutenção. A divisão em elementos define a estrutura estática (conjunto de programas) do sistema.

A figura 3.1 ilustra alguns dos elementos do z/OS.

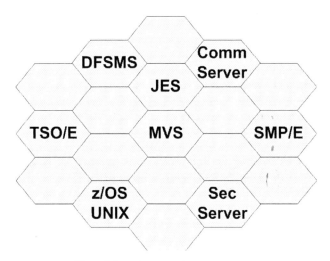

Figura 3.1 – *Elementos do Sistema z/OS*

- MVS (*Multiple Virtual Storage*) – É o sistema operacional propriamente dito. Realiza as funções clássicas de um SO como gerenciamento de memória, gerenciamento de processador e gerenciamento de E/S.

- JES (*Job Entry Subsystem*) – É o responsável pelo controle da entrada e da saída dos trabalhos no sistema.
- TSO/E (*Time Sharing Oprtion/Extended*) – Provê o acesso em tempo compartilhado (*time-sharing*) ao sistema.
- Security Server (RACF) – É o responsável pela segurança dos recursos do sistema. Faz autenticação de usuários e controle de acesso.
- SMP/E (*System Modification Program/Extended*) – Gerencia todas as modificações (instalações, correções e atualizações) realizadas no sistema.
- z/OS UNIX – Provê serviços de UNIX no z/OS, tornando este compatível com padrões abertos (POSIX e XPG).
- DFSMS (*Data Facility Storage Management Subsystem*) – É o gerenciador de armazenamento do sistema. Automatiza e facilita a alocação dos recursos em discos e fitas.
- *Comunications Server* – É o responsável pelos serviços de rede TCP/IP e SNA no sistema.

O principal objeto de estudo deste livro será o MVS, que por sua vez é ainda subdividido em **componentes**. Alguns dos componentes do MVS são:

- *Workload Manager* (WLM) – É o gerente de desempenho do sistema. Controla dinamicamente as prioridades das requisições baseado nos requisitos de desempenho (goals) e importância das transações.
- *Library Lookaside* (LLA) – Mantém, em memória central, informações sobre a localização de programas em disco, agilizando a busca por programas.
- *Virtual Lookaside Facility* (VLF) – fornece serviços de Data Spaces para outros componentes. É usado pelo LLA para manter cópias dos programas mais usados em memória.
- *System Management Facility* (SMF) – grava registros em disco a cerca de diversos eventos que ocorrem no sistema.
- *Global Resource Serialization* (GRS) – fornece serviços de serialização de recursos
- *Cross-System Coupling Facility* (XCF) – É o método de acesso a Coupling Facility
- *Cross-System Extended Services* (XES) – Fornece serviços de comunicação para aplicações multissistema.
- *Resource Recovery Services* (RRS) – Force serviços de gerenciamento de transações baseados no protocolo *two-phase commit* (commit de duas fases).

3.2. Núcleo e Servidores

Em relação a sua estrutura dinâmica (sistema em funcionamento) os SOs se posicionam basicamente entre **µ-kernel** e **monolíticos**. Nos sistemas monolíticos, toda funcionalidade do SO é implementada no núcleo do sistema.

Estrutura do z/OS

Em sistemas μ-kernel, o sistema possui um núcleo mínimo para tratamento de interrupções, escalonamento de processos e comunicação entre processos. Todo restante das funcionalidades são implementadas por processos servidores.

O z/OS possui características de sistemas μ-kernel, pois possui diversas funcionalidades implementadas por processos servidores executando em address spaces distintos. Os serviços de cross-memory são fundamentais para redução do overhead de comunicação entre esses adress spaces.

A figura 3.2 ilustra a diferenciação feita entre z/OS e MVS. A figura mostra o MVS com seu núcleo e servidores e estabelece uma fronteira entre o MVS e o restante dos elementos que compõem o z/OS.

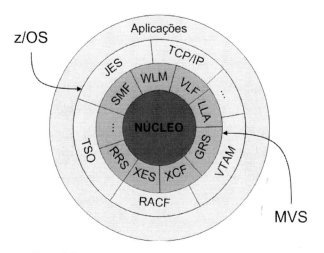

Figura 3.2 – *Núcleo do Sistema z/OS e demais servidores*

3.2.1. O Job Entry Subsystem (JES)

O JES é o ponto de entrada principal de trabalho no sistema. É o 'servidor de Jobs'. A estrutura básica de um job é a seguinte. Um "cartão" **JOB** que define o início e algumas características (ex. classe) do job. Um ou mais "cartões" **EXEC** que definem os steps (passos) do job. Cada passo representa a execução de um programa. Para cada step, "cartões" **DD** definem as entradas e saídas do processamento.

Os jobs são descritos em JCL (Job Control Language) e possuem o seguinte formato básico:

```
//JOBNAME          JOB  ...
//STEPNAME         EXEC PGM=PROGRAMA
//DDNAME           DD   ...
```

No exemplo a seguir, o job MEUJOB tem apenas o step STEP1 para executar o programa PROGA, que lê o arquivo de entrada ARQIN e grava a saída em ARQOUT.

```
//MEUJOB              JOB  ...
//STEP1               EXEC PGM=PROGA
//ARQIN               DD   ...
//ARQOUT              DD   ...
```

Os jobs entram no JES através de uma internal reader, que é uma emulação em software da antiga leitura de cartões, e por isso o uso do termo 'cartões'. O JES interpreta o JCL e coloca os jobs em filas específicas de acordo com suas classes. Os address spaces initiators buscam os jobs de uma ou mais classes para execução, como apresenta a figura 3.3.

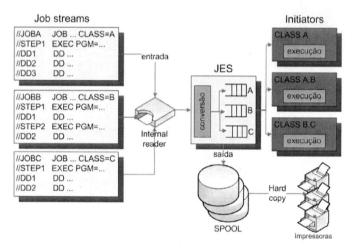

Figura 3.3 – *O Job Entry Subsystem (JES)*

O JES também implementa o mecanismo de SPOOL (simultaneous peripheral operations on-line) onde dispositivos mais lentos (ex. impressoras) são emulados por dispositivos mais rápidos (ex. discos).

3.2.2. Time Sharing Option (TSO)

O TSO implementa o acesso em tempo compartilhado (*time sharing*) ao sistema. É o 'servidor de logon'. O TSO interage com o método de acesso de telecomunicações (VTAM) para comunicação com a rede de terminais. O Terminal Control Address Space (TCAS) recebe o comando de LOGON da rede e autentica o usuário através do subsistema de segurança RACF, que é um componente do Security Server. Para cada LOGON, um novo address space é criado executando Terminal Monitor Program (TMP) para interação com o usuário.

Estrutura do z/OS

O TSO provê uma interface de linha de comando. Para facilitar a interação com o usuário, o ISPF (Interactive System Productivity Facility) provê serviços para utilização de painéis.

O PDF e o SDSF são aplicações que utilizam os serviços do ISPF:

- **PDF** (Program Development Facility) – Facilidade para manipulação (criação, edição e visualização) de arquivos.
- **SDSF** (System Display and Search Facility) – Facilidade para visualização de saídas de jobs (arquivos no spool do JES) e emulação de console.

Como todo trabalho que entra no z/OS, existe um JCL associado ao LOGON do TSO. Esse JCL não é um job e sim uma procedure (procedure de logon). A estrutura de uma procedure é similar à de um job, só que no lugar do "cartão" JOB existe um cartão PROC.

```
//PROCNAME            PROC
//STEPNAME            EXEC PGM=PROGRAMA
//DDNAME1             DD   ...
//DDNAME2             DD   ...
//...
```

A figura 3.4 mostra um usuário se logando no TSO enquanto outros já estão logados e trabalhando interativamente.

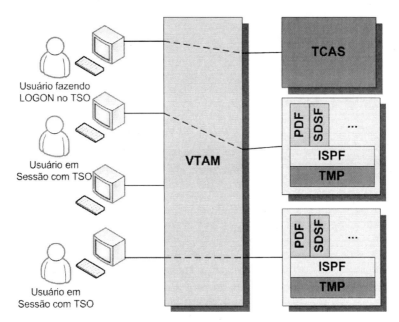

Figura 3.4 – *Time Sharing Option (TSO)*

3.2.3. z/OS Unix

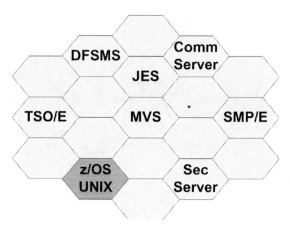

Figura 3.5 – *z/OS Unix*

O z/OS UNIX é o responsável pela implementação de padrões abertos (POSIX, XPG) no z/OS. O address space **OMVS** implementa o **kernel** do UNIX. O address space **BPXOINIT** implementa o processo init do UNIX sendo o responsável pela inicialização do sistema.

Os processos UNIX no z/OS são criados a partir de dois eventos:

- Um processo z/OS requisita serviços de UNIX ao OMVS pela primeira vez (dubbing).
- Um processo UNIX executa uma system call *fork* ou *spawn*. A system call *fork* é usada por programs UNIX para criação de um processo. A system call *spawn* é específica do z/OS UNIX e permite que um processo filho seja executado no mesmo address space do processo pai (operação conhecida como *local spawn*). Essa system call tem o objetivo de evitar a criação de address spaces, uma vez que essa criação tem um alto custo de processamento para o sistema.

No primeiro caso dizemos que o address space foi dubbed. Esse processo z/OS agora também é um processo do z/OS UNIX e por isso recebe um PID (Process ID) UNIX. Note que nesse caso nenhum address space novo é criado.

No segundo caso, o z/OS UNIX solicita ao WLM um novo address space para executar esse processo. O WLM mantém um pool de address spaces para servir forks e spawns. Se um address space estiver disponível no pool (inativo), ele será utilizado para esse processo. Caso contrário, um novo address space é criado. Quando o processo terminar, o adddress space é retornado ao pool do WLM e fica disponível para novos processos. Após um determinado período de inatividade, o address space é eliminado do sistema. Esses processos também recebem um novo PID UNIX.

A interface do usuário com o UNIX se dá através do **shell**. Os usuários UNIX do z/OS podem invocar o shell de duas maneiras:
- Através do comando **OMVS** pelo TSO
- Através de um **telnet** ou **rlogin** pela rede

Para os usuários tradicionais de MVS, acostumados com o ISPF, existe a interface ISHELL baseada em painéis.

A figura 3.6 ilustra as diferentes maneiras de interação com o z/OS UNIX.

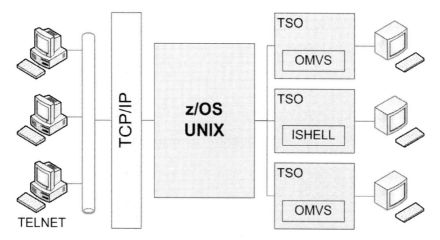

Figure 3.6 – *O z/OS UNIX*

3.3 Estrutura dos programas

Tanto o z/OS quanto os aplicativos que ele gerencia são constituídos de programas. A unidade básica de programa em z/OS é o módulo de carga (load module). Um módulo de carga contém instruções e/ou dados, e um ou mais pontos de entrada (entry points). Os módulos de carga possuem atributos que controlam sua carga na memória e seu modo de execução.

Alguns dos principais atributos dos módulos de carga são:

3.3.1. Reusabilidade

Em relação a esse atributo, um módulo pode ser:
- **Não reusável** – Após executado, não pode ser reaproveitado. Uma nova execução implica em carga de uma nova cópia. Um módulo não reusável possui

variáveis que foram alteradas durante a execução, e por isso não produzirá o resultado correto se a mesma cópia for executada novamente.
- **Serialmente reusável** – Os programas reusáveis, restauram seu estado após a execução, e por isso, podem ser reaproveitados. Porém, os programas serialmente reusáveis não podem ser usados simultaneamente por mais de um processo.
- **Reentrante** – Programas reentrantes podem ser executados concorrentemente por mais de um processo. Qualquer acesso as áreas compartilhadas deve ser sincronizado.
- **Refreshable** – Os programas nessa categoria podem ser executados concorrentemente por mais de um processo, uma vez que eles não possuem áreas de dados (e também não alteram seu próprio código). Se o sistema precisar liberar um frame de memória que contenha programas refreshable, uma operação de page-out não é necessária, uma vez que os programas podem ser novamente carregados, sem prejuízo, a partir do arquivo de paginação. Os programas na PLPA são refrehable.

3.3.2. Addressing Mode (AMODE)

O atributo de *Addressing Mode* (AMODE) determina em que modo de endereçamento o programa recebe o controle, quando chamado pelo sistema operacional. É na verdade um atributo do **entry point**. O atributo AMODE pode ser:
- AMODE=24 – programa recebe o controle em 24-bits addressing mode
- AMODE=31 – programa recebe o controle em 31-bits addressing mode
- AMODE=ANY – programa está preparado para receber o controle tanto em 24 como em 31-bits addressing mode.
- AMODE=64 – programa recebe o controle em 64-bit addresing mode

3.3.3. Residency Addressing Mode (RMODE)

O atributo RMODE determina em que localizações da memória virtual o programa pode ser carregado. Existem dois valores para o atributo RMODE
- RMODE=24 – programa deve ser carregado abaixo da linha
- RMODE=ANY – programa pode ser carregado em qualquer lugar (acima ou abaixo da linha) abaixo da barra

O z/OS **não** carrega programas acima da barra.

3.3.4. Authorized Program Facility (APF)

Um programa autorizado é aquele que pode solicitar **quaisquer** serviços do SO, inclusive PSW Key zero e supervisor state. Para ser autorizado, o **programador** linkedita seu programa com Authorization Code (AC=1). Somente o 1º programa executado pela task precisa ser linkeditado com esse parâmetro. O **administrador** do sistema (*system programmer*) deve autorizar a biblioteca onde estão os programas.

3.4. Blocos de Controle

Os blocos de controle (*control blocks*) são as estruturas de dados do sistema operacional. Representam recursos lógicos (tasks, service requests, address spaces, arquivos, etc.) e físicos (dispositivos de E/S, processadores, memória central) do sistema.

Os blocos de controle estão **encadeados** com outros blocos de controle relacionados.

Dentre os blocos de controle mais importantes podemos citar:

- ASCB – Address Space Control Block
- TCB – Task Control Block
- SRB – Service Request Block
- DSCB – Dataset Control Block
- DCB – Data Control Block
- UCB – Unit Control Block.

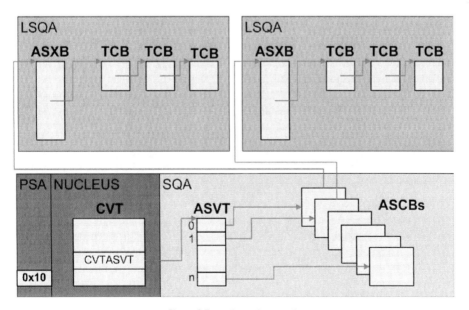

Figura 3.7 – *Blocos de controle*

A figura 2.22 exemplifica alguns dos encadeamentos de blocos de controle do sistema. O endereço da tabela Communication Vector Table (CVT) é armazenado no endereço x10 (16 em decimal) da memória virtual (PSA). A partir da CVT, são localizados os demais blocos de controle do sistema, seguindo cadeia de ponteiros. A figura mostra o campo CVTASVT da CVT que aponta para o Address Space Vector Table (ASVT) que é usado para localizar os ASCBs do sistema, na SQA. Cada ASCB representa um address space do sistema.

Os ASCBs por sua vez apontam para os Address Space Extension Block (ASXB) que são a extensão da ASCB em área privada. Esse bloco de controle possui informações do address space que são necessárias somente enquanto o address space está sendo endereçado. Um exemplo é a cadeia de tarefas (ou processos) associadas a esse address space. Cada tarefa no sistema é representada por um Task Control Block (TCB).

Outros blocos de controle serão citados no decorrer do livro.

3.5. Espaços de Endereçamento

Os espaços de endereçamento (address spaces) representam instâncias de memórias virtuais no SO. Cada address space é representado pelo sistema por um ASCB (localizada na SQA) e indexado por um Address Space ID (ASID). O ASCB por sua vez, possui referências para as *segment tables* e *page tables* do AS.

Os AS são divididos basicamente em uma **área privada** e uma **área comum** (compartilhada por todos os ASs).

No z/OS os address spaces "nascem" com 2GB. Os AS só crescem para além dos 2GB quando algum programa solicita memória acima da barra. Só a partir desse momento as **Region Tables** são criadas. Os programas são carregados sempre abaixo da barra.

A figura 3.8 ilustra o AS do z/OS ressaltando as áreas privadas e comuns e as divisões da linha e da barra. A figura 1-12 detalha as áreas do AS abaixo da barra.

O primeiro AS criado no sistema é o **Master Scheduler** (*MASTER*). O Master Scheduler é responsável, principalmente, pela criação de outros address spaces e pela comunicação com os operadores (comandos de console). Após a criação do Master, outros ASs (**System Address Spaces**) são criados automaticamente na inicialização.

Após a inicialização do sistema, o comando **START** pode ser usado para criar de novos address spaces. O comando START recebe como parâmetro o nome de uma **PROCEDURE** JCL, que identificará o serviço a ser executado. Além do comando START, já vimos em capítulos anteriores outros eventos que provocam a criação de address spaces durante a execução do sistema como, por exemplo, logon de TSO e criação de processos UNIX.

Estrutura do z/OS

A memória **virtual** precisa ser **respaldada** em elementos de memória **real**. Os elementos de memória real são: a memória RAM – memória central (ou real) – e os dispositivos de disco – memória auxiliar.

O gerenciamento de memória no z/OS é então dividido em três componentes. O Virtual Storage Manager (VSM) atende as solicitações dos programas para alocação de regiões da memória virtual. O Real Storage Manager (RSM) gerência o conteúdo da memória central (frames). O RSM é o responsável por realizar as operações de *page-in*, *page-out* e *page-stealing*. O RSM se comunica com o *Auxiliary Storage Manager* (ASM) para localizar páginas em memória auxiliar. O ASM, por sua vez, gerência o conteúdo dos **arquivos de paginação** do sistema, dividindo-os em **slots**.

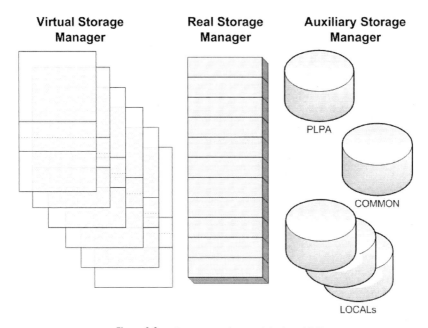

Figura 3.8 – *Os gerentes de memória do z/OS*

A figura 3.8 ilustra os gerentes de memória do z/OS. A ASM possui três classes de datasets de paginação (page datasets). A classe PLPA é usada para paginar a PLPA. Só pode existir um arquivo para essa função. Na inicialização do sistema (IPL), ocorre um forced page-out das páginas da PLPA, quando for especificado um "cold-start" do sistema (parâmetro CLPA). Quando não é solicitado CLPA, o sistema reusa as páginas no page dataset PLPA.

A classe COMMON é usada para paginar todo restante da área comum, com exceção da PLPA. Só pode existir um arquivo nessa classe.

A classe LOCAL é usada para paginar o restante das áreas (principalmente as áreas privadas de todos os ASs). Múltiplos arquivos podem ser usados.

Além da paginação existe também a operação de **swapping**. O swapping consiste na movimentação de todas as páginas de um address space entre a memória central e a memória auxiliar, e é usado para controlar o nível de multiprogramação do sistema. Os termos **IN** e **OUT** se referem ao estado de uma AS em relação ao swapping. Um address space é classificado como OUT quando suas páginas foram retiradas da memória central para a memória auxiliar. Um address é dito IN quando possui páginas em memória central. Apesar dessa definição, grande parte dos swaps hoje em dia é puramente **lógico**. Nesse caso, o address space é retirado de filas críticas do sistema, mas suas páginas continuam em memória.

3.6. Unidades de Despacho

As unidades de despacho (Dispatchable Units – DUs) são os processos do z/OS. Constituem as unidades de trabalho, que são entregues ao processador. Podem existir várias DUs em um AS. Existem basicamente dois tipos de DUs no z/OS: **tasks** e **service requests**.

3.6.1. Tasks

As tasks são representadas pelo *Task Control Block* (TCB). São unidades de trabalho **preemptivas** – ou seja – uma vez interrompidas, não têm a garantia de retomar o controle do processador imediatamente. São usadas para executar os programas de usuário. Qualquer usuário pode criar uma task. As tasks representam a maior parcela de consumo de processador.

As tasks possuem uma estrutura de parentesco similar aos processos UNIX. Uma task que cria outras é considerada a mãe delas. As tasks criadas por uma mesma mãe são consideradas irmãs. Essa relação de parentesco é controlada pelos campos OTC (mãe), NTC (irmã mais velha) e LTC (filha mais nova) do TCB.

Todos os address spaces possuem uma estrutura inicial de tasks similar. A *region control task* (RCT) é a mãe de todas as outras tasks de um address space e sua principal função é preparar o address space para swap-in e swap-out. A *dump task* (DUMP) é a primeira filha da RCT e sua responsabilidade é retirar dumps da área privada do address space. A *started task control task* (STC) é a segunda filha de RCT e funciona como um "initiator" para a quarta task do address space. A "quarta task" é a "dona" do AS e executa um programa diferente dependendo do serviço executado nesse address space.

A figura 3.9 ilustra a estrutura de tasks inicial de um AS initiator. Nesse caso, a 4ª task executa o programa initiator, que por sua vez, cria uma nova task para cada step do job. Essas últimas são conhecidas como job step tasks.

Estrutura do z/OS

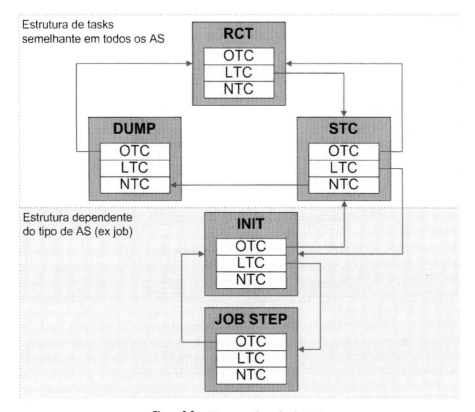

Figura 3.9 – *Estrutura de tasks dos ASs*

3.6.2. Service Requests

As service requests são representadas pelo *Service Request Block* (SRB). São unidades de trabalho **não preemptivas**, ou seja, depois de interrompidas retornam ao processador imediatamente. As service e request só podem ser criadas por programas autorizados e são usadas para executar pequenas rotinas de sistema, apresentando assim um baixo consumo de processamento em relação às tasks. As service request podem ser agendadas em address spaces que não os próprios criadores e podem ainda ser divididas em dois tipos: locais e globais. As SRBs globais tem prioridade sobre todas as DUs no sistema enquanto que as SRBs locais tem prioridade sobre todas as DUs de um address space.

3.6.3. Dispatcher

O dispatcher é o componente do SO que passa o controle do processador para a DU de maior prioridade (dispatching priority). É o ponto de saída do SO. O dispatcher consulta uma fila de DUs prontas (ready queue) e pega sempre a primeira. Ele restaura o estado (registradores) do processador e por fim, emite a instrução Load PSW (LPSW) carregando a PSW onde essa DU foi interrompida.

Quando a ready-queue está vazia, o dispatcher carrega uma PSW com o bit 14 (Wait) ligado, colocando assim esse processador em estado de wait.

No z/OS as prioridades são atributos dos address spaces e controladas dinamicamente pelo *Workload Manager* (WLM), baseado nos goals da instalação. Todas as tasks do address space serão despachadas segundo a prioridade do seu address space. A contabilização do consumo de CPU também é realizada no AS.

Em relação à execução de trabalho, os address spaces podem estar em um de dois estados, READY ou WAIT. Um address space é dito READY quando possui DUs prontas para execução. O estado de WAIT é atribuído a um address space no qual todas as suas DUs estão aguardando por um evento, como por exemplo, o término de uma operação de I/O.

Usando uma combinação dos estados de execução e swapping de um address space, podemos então dizer que um address space pode estar em um de quatro estados:

- IN-READY – pronto para executar
- IN-WAIT – esperando por um evento
- OUT-READY – swapped out e pronto
- OUT-WAIT – swapped out e esperando evento.

O estado OUT-READY indica uma condição de estresse severo na memória central desse sistema, pois indica que existem address spaces prontos para executar, que foram retirados da memória central.

3.7. Subsistemas

Subsistemas são programas que implementam a *Subsystem Interface* (SSI). Um subsistema reside, principalmente, na área comum e pode não ter address sapaces associados. Pode também ter mais de um address space que auxilia na execução de suas funções.

Um subsistema pede ao sistema para ser notificado em certos eventos, como por exemplo, *Memory Termination* (término de um AS), *Task Termination* (término de uma task) e *comandos* emitidos de uma console.

São basicamente divididos em **Subsistema primário** (JES) e **Subsistemas secundários** (todo restante).

3.8. Referências

ABCs of z/OS System Programming Volume 1, IBM ITSO Redbook
ABCs of z/OS System Programming Volume 2, IBM ITSO Redbook
D. Elder Vass, MVS Systems Programming, Livro texto sobre MVS.
Introduction to the New Mainframe: z/OS Basics, IBM ITSO Redbook
MVS Initialization and Tuning Guide, Manual
MVS Initialization and Tuning Reference, Manual

4.

Sistema de Arquivos

O sistema de arquivos é a parte do z/OS que difere de forma mais significativa de outros sistemas operacionais como por exemplo os sistemas Windows e UNIX. Os arquivos em z/OS são chamados datasets. Os datasets são **orientados a registro** e possuem diversas organizações distintas. Os arquivos de outras plataformas são **orientados a byte** e não possuem nenhum formato específico atribuído pelo SO.

4.1. Volumes CKD

No z/OS, os dispositivos de armazenamento secundário são volumes. Os volumes podem ser discos (DASD – Direct Access Storage Devices) ou fitas. Os volumes de fita são normalmente usados para backup e só podem conter arquivos sequênciais. Os volumes DASD armazenam todos os tipos de arquivo do z/OS. Os volumes são identificados por um Volume Serial Number (VOLSER).

Os volumes DASD apresentam-se para o z/OS com uma geometria cilíndrica. O volume é dividido em cilindros, os cilindros são divididos em trilhas e as trilhas são divididas em blocos (ou registros físicos). Os blocos constituem a unidade de armazenamento em disco.

Modelos diferentes de volumes (ex. 3390 modelos 3, 9, 27 ou 54) diferem em capacidade, mas apresentam geometria similar (cilíndrica). Atualmente os volumes DASD são emulados por controladora de storage baseadas em arrays de disco (RAID – Redundant Array of Inpedendent Disks).

A figura 4.1 ilustra um volume DASD.

No mainframe os volumes DASD podem conter blocos de tamanhos **variados**. Para isso um campo com o tamanho do bloco deve ser armazenado junto ao mesmo. Também existe previsão para **chaves** de busca de registros em hardware (que é opcional). Por isso dizemos que as trilhas estão em formato **CKD** (*Count-Key-Data*). Outras arquiteturas utilizam discos **FBA** (*Fixed Block Architecture*), onde o tamanho do bloco de disco é fixo. A figura 4.2 ilustra o formato das trilhas CKD.

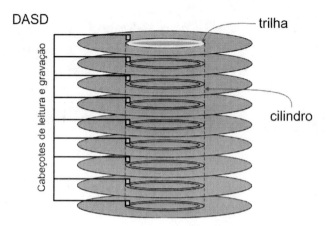

Figura 4.1 – *Volumes DASD*

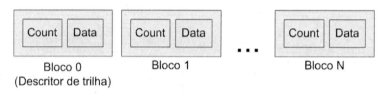

Figura 4.2 – *Formato das trilhas*

O z/OS usa um esquema misto entre **alocação contígua** e **não-contígua** para alocação dos arquivos em disco. Quando o arquivo é criado, o usuário especifica a **alocação primária**, que é um espaço contíguo do disco inicialmente reservado. Além disso, o usuário deve especificar um tamanho que será usado como unidade para crescimento posterior, conhecido como **alocação secundária**. As regiões contíguas do arquivo em disco são chamadas **extents**. O número de extents máximo de um dataset varia de acordo com a organização do mesmo.

4.2. VTOC

A VTOC (Volume Table Of Contents) é o diretório de arquivos do z/OS. Cada volume tem sua própria VTOC. A VTOC controla a localização dos extents de cada arquivo no volume. A VTOC controla também o espaço livre no volume. O *Data Set Control Block* (DSCB) é usado para representar arquivos, extents e espaços livres no volume. Existem diversos formatos de DSCB.

O DSCB Formato-0 indica uma DSCB livre. É usado para deletar DSCBs. O DSCB Formato-1 descreve os primeiros três extents do dataset. O DSCB Formato-3 descreve extents do dataset após o terceiro extent. DSCB Formato-4 descreve a própria VTOC e o DSCB Formato-5 descreve espaço livre no volume.

A figura 4.3 ilustra uma VTOC controlando quatro datasets (A, B, C e D) além do espaço livre no volume.

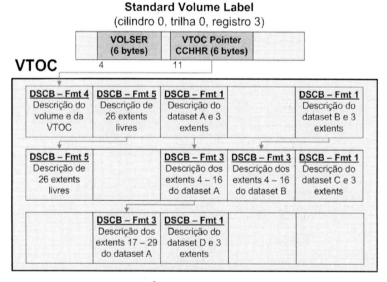

Figura 4.3 – *VTOC*

4.2.1. VTOC Index

Para melhorar o **desempenho** nos acessos a VTOC, foi desenvolvido posteriormente um índice da VTOC.

Esse índice é implementado como um **dataset** especial que fica no mesmo volume da VTOC. O nome desse arquivo deve começar com '**SYS1.VTOCIX**'. Os volumes com índice possuem uma única DSCB formato-5 vazia. Um bit na DSCB formato-4 indica que essa VTOC possui um índice.

A VTOC Index é dividida em *VTOC Index Records* (**VIR**s), que podem ser de **quatro tipos**:

- *VTOC index map* (**VIXM**) – Identifica os VIRs que foram alocados no VTOC index através de um **bitmap**.
- *VTOC pack space map* (**VPSM**) – Identifica o espaço livre e alocado no volume através de **bitmaps** de cilindros e trilhas.
- *VTOC map of DSCBs* (**VMDS**) – Identifica as DSCBs que foram alocadas na VTOC.
- *VTOC index entry record* (**VIER**) – Identifica a localização dos DSCBs formato-1 e da DSCB formato-4.

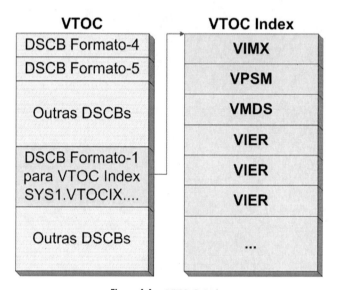

Figura 4.4 – *VTOC Index*

4.3. Organização de arquivos

Diferente de outras plataformas (Windows, UNIX) os datasets possuem diversos atributos. Alguns dos atributos mais importantes são o nome, o formato de registro (record format) e a organização (ou tipo) do dataset.

Sistema de Arquivos

4.3.1. Nome do Dataset

Os nomes dos datasets possuem no máximo 44 caracteres. Os nomes são compostos de **qualificadores** separados por pontos (**.**). O primeiro qualificador do nome é chamado de *high-level qualifier* (**HLQ**). Cada qualificador pode ter no máximo 8 caracteres. Exemplo: **ELCIO.PINESCHI.JCL**.

4.3.2. Record Format

Datasets são conjuntos de registros (lógicos). Os registros por sua vez são formados de campos (ex. nome, telefone, endereço etc.). Os registros de um arquivo podem ter um mesmo tamanho **fixo** ou podem ser de tamanhos **variáveis**. Cada bloco do disco pode conter um ou mais registros. O agrupamento de mais de um registro em um único bloco de disco é chamado **blocking** (**blocagem**). Alguns registros podem ocupar mais de um bloco (**spanning**).

A figura 4.5 ilustra alguns dos vários formatos de registros do z/OS.

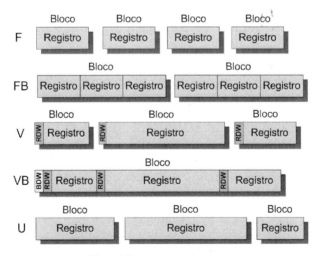

Figure 4.5 – *Formatos de registro*

4.3.3. Tipos (ou organização) de datasets

Os datasets no z/OS podem ser de diversos tipos. Dois dos principais tipos são:
- Datasets sequenciais – **Sequential data set**
- Datasets particionados – **Partitioned data sets (PDS)**.

4.3.3.1. Sequential Dataset

São a estrutura mais simples de dataset no z/OS. Consistem em um conjunto de registros armazenados em sequência. Podem existir em fitas magnéticas e podem ocupar múltiplos volumes.

4.3.3.2. Partitioned data sets (PDS)

Os arquivos particionados são uma coleção de arquivos sequenciais chamados de **membros**. Cada membro tem um nome de até 8 caracteres. Para controlar a alocação dos membros o PDS possui um **diretório**. Os PDSs podem ser usados para armazenar programas (módulos de carga) e são restritos a um único volume.

A figura 4.6 ilustra a estrutura de um PDS.

Alguns benefícios dos PDS são:

- **Facilidade de Gerenciamento** – O agrupamento de vários arquivos em um único dataset facilita o gerenciamento de dados.
- **Concatenação** – Os PDSs podem ser concatenados para formar um único arquivo lógico para o programa.
- **Economia de Espaço** – Como a menor unidade de alocação de dataset é uma trilha, a organização particionada é uma forma de agrupar vários arquivos pequenos em uma única trilha.

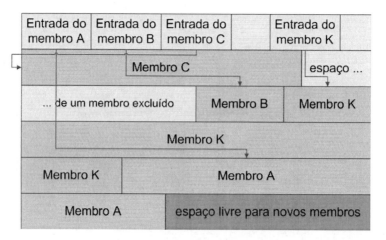

Figura 4.6 – *Estrutura de um PDS*

Por outro lado, os PDSs possuem algumas limitações como:
- O espaço de membros atualizados ou excluídos não é automaticamente reaproveitado – uma operação de *compress* deve ser manualmente realizada.

- Embora o arquivo possa crescer, o tamanho do diretório é **fixado** no momento da criação.
- O diretório não é indexado. Inserções e buscas são custosas.

Para contornar algumas das limitações dos PDS foram criados os **PDS Extended (PDSE)**. Nos PDSEs o diretório cresce dinamicamente e é indexado. Além disso, o espaço de membros deletados é reutilizado automaticamente (uma operação de *compress* não é necessária).

4.4. Métodos de acesso

Os métodos de acesso são rotinas que auxiliam no processamento de E/S lidando com a organização específica do arquivo. Os métodos de acesso codificam os **programas de canal**. São divididos basicamente em duas classes: *Basic Access Methods* e *Queued Access Methods*.

4.4.1. Basic Access Methods

Os métodos de acesso dessa classe processam **blocos** e não registros. A blocagem e desblocagem são a cargo do usuário (programador da aplicação). Os *buffers* de E/S também são controlados diretamente pelo usuário. As leituras e escritas somente **iniciam** a operação de E/S e retornam o controle imediatamente ao usuário que deve testar se a mesma foi concluída com sucesso.

4.4.2. Queued Access Methods

Os métodos de acesso dessa classe processam **registros**. A blocagem e desblocagem são feitas pelo método de acesso. Os *buffers* de E/S são controlados pelo método de acesso, que normalmente realiza uma busca antecipada (*prefetching*) dos registros. As leituras e escritas só retornam o controle para o usuário quando os registros estão disponíveis.

Alguns exemplos de métodos de acesso são:
- **QSAM** – *Queued Sequential Access Method*
  Método de acesso queued usado para processamento de datasets sequenciais e membros de PDSs.
- **BSAM** – *Basic Sequential Access Method*
  Método de acesso básico usado para processamento de datasets sequenciais e membros de PDSs.
- **BPAM** – *Basic Partitioned Access Method*
  Método de acesso básico usado para processar as entradas de diretório de um PDSs.

4.5. HFS – Hierarchical File System

O HFS surgiu com o z/OS UNIX e implementa o sistema de arquivos hierárquico do UNIX dentro do z/OS. O sistema de arquivos UNIX é composto de **diretórios** e **arquivos** organizados em forma de **árvore**. Ao contrário dos datasets tradicionais do z/OS, os arquivos no HFS são orientados a **byte**.

Cada dataset do **tipo HFS** armazena um sistema de arquivo (*file system*) UNIX. Vários datasets do tipo HFS compõem o *hierachical file system*. Desse modo, a sigla HFS tem dois significados. Por um lado representa uma estrutura de arquivos hierárquica, por outro, é um tipo de dataset. Um dataset HFS é escolhido para ser a raiz da árvore (**root** file system). Os datasets HFS podem ser **montados** em diretórios (**mount points**) de outros HFS para comporem o sistema de arquivos. Atualmente existe um novo tipo de dataset chamado de **zFS**, que deve substituir os HFSs.

A figura 4.7 mostra três datasets HFS montados para formar a estrutura de arquivos do z/OS UNIX. O dataset OMVS.ZOSA.ROOT está montado como a raiz (root) da árvore. Os datasets OMVS.ZOSA.USERS e o dataset OMVS.ZOSA.ETC estão montados nos mount points /u e /etc. respectivamente.

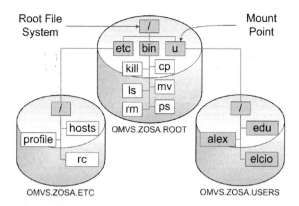

Figura 4.7 – *HFS*

4.6. Catálogos

A VTOC só contém informações sobre o seu volume. No início, a localização de arquivos nos diversos volumes de uma instalação ficava a cargo do usuário. Com o aumento crescente no número de volumes, essa abordagem começou a se tornar inviável. Foram criados **catálogos**, que são datasets que indicam a localização (volume) de outros datasets. A catalogação dos datasets sequenciais e particionados é geralmente opcional.

Assim como os HFS, os catálogos são organizados de forma hierárquica. Na raiz da árvore de catálogos existe o **master catalog**. Além de catalogar arquivos, isto é, indicar seus volumes, o master catalog pode indicar que arquivos com um determinado HLQ estão catalogados em outros catálogos. Esses outros catálogos são conhecidos como *user catalogs*. As entradas no catálogo que relacionam um HLQ a um user catalog são conhecidas como ALIAS.

A figura 4.8 mostra um master catalog, que possui dois datasets catalogados, dois catálogos de usuário e duas definições de ALIAS.

Quando um usuário solicita o dataset MQM.SCSQLOAD, sem especificar seu volume, o sistema realiza uma busca pela estrutura de catálogos, começando pelo master catalog. Nesse exemplo, o sistema verifica que existe uma entrada do tipo ALIAS para o HLQ MQM associada ao catálogo CATALOG.MQM. Uma vez identificado o catálogo de usuário onde o dataset está catalogado, o sistema agora procura uma entrada USERCAT no master catalog, para descobrir em que volume se encontra esse user catalog, que nesse exemplo é o volume CATVOL. De posse desse volume, o sistema pode buscar no user catalog CATLOG.MQM a entrada para o arquivo MQM.SCSQLOAD e descobre que o mesmo se encontra no volume MQMVOL, concluindo assim a busca.

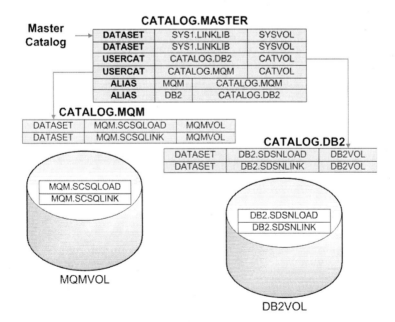

Figura 4.8 – *Catálogos*

4.7. VSAM

O *Virtual Storage Access Method* surgiu no início dos anos 70, junto com os SOs de memória **virtual** OS/VS1 e OS/VS2. É um método de acesso construído, principalmente, para o armazenamento de **dados de aplicações**. O VSAM definiu quatro novas **organizações** de arquivos:

- *Key Sequence Data Set (KSDS)* – Cada registro possui uma ou mais **chaves**, que podem ser usadas para buscar ou inserir registros.
- *Entry Sequence Data Set (ESDS)* – Fornece uma interface **sequencial** de acesso aos registros.
- *Relative Record Data Set (RRDS)* – Provê acesso **direto** aos registros através do número do registro.
- *Linear Data Set (LDS)* – Um tipo de arquivo **sem formatação** (registros lógicos).

Os datasets VSAM são constituídos de **componentes**. Cada componente possui um nome, uma entrada no catálogo e uma entrada na VTOC. O componente é, em outras palavras, um "dataset tradicional". Existem dois tipos de componentes: dados e índices.

O agrupamento de componentes relacionados (máximo de dois) é chamado de **cluster**. O KSDS, por exemplo, é formado por um componente de dados e um de índice. As organizações RRDS, ESDS e LDS possuem apenas componentes de dados. O cluster possui entrada no catálogo (mas não na VTOC) e faz referência a seus componentes.

Os datasets VSAM possuem uma quantidade significativa de informações no catálogo. Todos os arquivos VSAM devem ser catalogados. A própria estrutura de catálogo é composta de dois tipos de arquivo VSAM. O *Basic Catalog Structure* (**BCS**) – que é um KSDS sem nome de cluster e um *VSAM Volume Data Set* (**VVDS**) – que é um tipo especial de ESDS.

O BCS possui os diversos tipos de entradas de um catálogo, como visto anteriormente:

- **ALIAS** – associam um HLQ a um user catalog.
- **USERCATALOG** – definem user catalogs conectados a esse catálogo.
- **NONVSAM** – indicam o volume onde estão gravados datasets não-VSAM.
- **CLUSTER** – associa o cluster VSAM a seus componentes de dados e índice (se houver).

Os BCSs são criados e conectados a outros catálogos explicitamente pelo system programmer.

Os VSAM Volume Data Set (VVDS) são criados automaticamente quando um componente VSAM é criado no volume que ainda não tem um VVDS. Seu nome padrão é SYS1.VVDS.*volser*, onde *volser* é o VOLSER do volume. Armazena informações específicas sobre os componentes VSAM desse volume.

4.8. SMS

Tradicionalmente, os usuários gerenciavam seus próprios dados. Em uma simples criação de dataset devem ser informados (além do nome do dataset):
- Tipo do dataset
- Formato e tamanho dos registros
- Tamanho do bloco de disco
- Espaço em disco (alocação primária e secundária)
- Volumes onde o arquivo irá residir.

Tarefas, como backup e remoção de dados expirados também estão a cargo do usuário. Nessa modalidade de operação, conhecida como **user-managed storage**, o usuário se defronta com questões do tipo: Quanto espaço meu arquivo irá ocupar? Quais os volumes disponíveis na instalação? Quanto espaço existe disponível em cada um desses volumes? Qual a geometria (número de cilindros, trilhas e blocos) específica de cada um desses volumes? Qual o desempenho de cada um desses volumes? Qual a disponibilidade de cada um desses dispositivos?

O Storage Management Subsystem (SMS) é um componente do DFSMS e introduziu o conceito de **system-managed storage**. Nessa modalidade de operação o administrador de armazenamento é o responsável pelo mapeamento dos requerimentos dos dados com as características físicas dos dispositivos.

As principais construções do SMS são:
- **Storage Group** – Representa um grupo de **volumes** com características semelhantes.
- **Storage Class** – Representa o **nível de serviço** (desempenho, disponibilidade) de armazenamento que está sendo solicitado para esse conjunto de dados.
- **Management Class** – Representa critérios sobre o ciclo de vida dos dados (migração, backup, retenção).
- **Data Class** – Fornece um gabarito para definição de datasets (organização, formato e tamanho de registros, tamanho do bloco, etc.).

Os storage groups não são visíveis aos programadores e usuários (somente ao administrador de storage). O administrador de storage deve mapear os storage class em storage groups. As classes, por sua vez, são visíveis pelos usuários e podem ser usadas para classificar os dados.

O mecanismo de automatic class selection (ACS) possibilita que o usuário não especifique nem mesmo as classes. As rotinas ACS funcionam como filtros, classificando o dataset automaticamente de acordo com atributos como nome do dataset, nome do job, nome do usuário, etc. Existe um conjunto de rotinas para determinação de cada classe ou grupo. As rotinas são disparadas no momento da definição do dataset. Em última instância só o nome do dataset precisaria ser definido.

A seguinte sequência é aplicada para determinação automática das classes.

1. Aplicação dos filtros de seleção de *data class*.
2. Aplicação dos filtros de seleção de **storage class** – se nenhuma classe for escolhida o dataset não é **system-managed**, fim.
3. Aplicação dos filtros de seleção de *management class*.
4. Aplicação dos filtros de *storage group* – pelo menos um deve ser escolhido.

4.9. Referências

ABCs of z/OS System Programming Volume 1, IBM ITSO Redbook.

ABCs of z/OS System Programming Volume 2, IBM ITSO Redbook.

DFSMS: Using Data Sets, Manual.

DFSMSdfp Advanced Services, Manual.

Introduction to the new Mainframe: z/OS basics, IBM Redbook.

J. P. Gelb, "System Managed Storage", IBM System Journal, Vol. 28, 1989.

VSAM Demystified, IBM Redbook.

5.

Arquivos do Sistema e o Processo de Inicialização

Este capítulo visa apresentar os principais arquivos que compõem o sistema operacional e o processo de inicialização do z/OS, conhecido como *Initial Program Load* (IPL).

5.1. Principais arquivos do sistema operacional

5.1.1. SYS1.NUCLEUS

O dataset SYS1.NUCLEUS é um PDS com módulos de carga. Um PDS cujos membros são módulos de carga é conhecido como uma **biblioteca de programas**. Entre outros módulos, esse arquivo contém o núcleo do sistema operacional.

5.1.2. SYS1.SVCLIB

Esse dataset também é um PDS com módulos de carga. Era originalmente usado para rotinas de SVC, mas atualmente contém rotinas de inicialização usadas durante o IPL.

5.1.3. SYS1.LPALIB

É um PDS com módulos de carga. É a principal biblioteca do sistema que irá compor a concatenação **LPALST** (LPA list). Os módulos da LPALST são carregados em **memória** central durante o IPL. Essa memória é mapeada na área **PLPA** da memória virtual. Os módulos da LPALST sofrem *"forced page out"* no *page dataset* PLPA em caso de *cold-start*.

5.1.4. SYS1.LINKLIB

É mais uma biblioteca de programas. É a principal biblioteca do sistema que irá compor a concatenação **LNKLST** (link list). Os módulos da LNKLST **não** são carregados previamente em memória durante IPL. O sistema monta uma tabela com informações sobre os extents dos datasets para acelerar busca por módulos.

5.1.5. SYS1.MACLIB

Essa dataset é um PDS onde os membros são arquivos texto. É uma biblioteca com as **macros** do sistema. Macros (nome curto de macro-instruções) são construções do *assembler* que permitem que um único símbolo represente várias instruções. As macros são a **API** do z/OS em linguagem de montagem (*assembly*).

5.1.6. SYS1.PARMLIB

É a biblioteca (PDS) de parâmetros do z/OS. Contém os principais **parâmetros de configuração** do sistema. Os parâmetros de cada membro estão descritos no manual *MVS Initalization and Tunning Reference*. O comando **DISPLAY PARMLIB** permite a visualização da concatenação que forma a PARMLIB. Alguns de seus principais membros são:

- LOADxx
  O membro LOAD também pode residir em um dataset SYSn.IPLPARM. Alguns de seus parâmetros são:
    o **IODF** – Indica o arquivo de configuração de I/O.
    o **SYSCAT** – Indica o nome e o volume do **master catalog** do sistema.
    o **PARMLIB** – Indica os datasets que comporão a concatenação PARMLIB.
    o **NUCLEUS** – Indica o membro IEANUC0x de SYS1.NUCLEUS a ser usado no IPL.
    o **SYSPARM** – Indica outros membros IEASYSxx que o sistema deve processar no IPL.
    o **IEASYM** – Indica o sufixo de membro IEASYM da PRAMLIB.

- IEASYMxx
  O membro IEASYM é usado para definição de símbolos de sistema. Símbolos do sistema são como variáveis que possuem um valor. Os símbolos definidos podem ser usados em outros membros da PARMLIB para controlar o IPL. Os símbolos são mais bem utilizados em ambientes **sysplex**, onde a PARMLIB é compartilhada.

- IEASYSxx
  Esse membro contém as respostas à pergunta SPECIFY SYSTEM PARAMETERS do IPL. Além de IEASYS00, podem existir outros indicados em LOADxx. A maioria dos parâmetros é codificada como sufixos de nomes de outros membros da PARMLIB. Alguns de seus principais parâmetros são:
    o **CLPA** – Indica ao sistema para refazer a PLPA através da LPALST (cold-start)
    o **CMD** – Indica o sufixo de um membro COMMNDxx que contém comandos automáticos da inicialização
    o **CSA** – Indica o tamanho da CSA

Arquivos do Sistema e o Processo de Inicialização 101

- o **FIX** – Indica o sufixo de membros IEAFIXxx que contém nomes de módulos que vão para FLPA
- o **LPA** – Indica o sufixo de membros LPALSTxx que contém os datasets que comporão a LPALST (PLPA)
- o **MLPA** – Indica o sufixo de membros IEALPAxx que contém o nome dos módulos que vão compor a MLPA
- o **OMVS** – Contém o sufixo dos membros BPXPRMxx que contém parâmetros do z/OS UNIX
- o **PAGE** – Contém os page datasets do sistema (PLPA, COMMON, LOCALs)
- o **PROG** – Contém o sufixo dos membros PROGxx que contém definições sobre listas APF, linklists e exits
- o **SQA** – Indica o tamanho da SQA
- o **SSN** – Indica o sufixo do membro IEFSSNxx que contém as definições dos subsistemas desse sistema
- o **SYSNAME** – Indica o nome desse sistema.

- PROGxx
  Os membros PROGxx contêm definições relativas à APF list, Link list, LPA dinâmica (DLPA) e exits. Os comandos de sistema DISPLAY PROG, SET PROG e SETPROG são usados para manipular esses objetos.

- APF List (sentenças APF)
  É a lista com as bibliotecas (PDSs de programas) autorizadas do sistema. A APF list pode ser visualizada através do comando D PROG,APF. Bibliotecas podem ser acrescentadas e removidas dinamicamente através dos verbos ADD e DELETE.

- Link List (sentenças LNKLST)
  As Link lists podem ser definidas (DEFINE) e excluídas (UNDEFINE) do sistema dinamicamente. Uma delas é a lista corrente (CURRENT). Quando um AS e criado ele passa a usar a lista corrente. Uma lista que esteja sendo usada é considerada ativa (ACTIVE). Uma lista inativa pode sofrer alterações (ADD e DELETE), porém listas ativas não podem ser alteradas.

- LPA (sentenças LPA)
  A partir do OS/390 release 4, passou a existir a facilidade de LPA dinâmica (DLPA). Essa facilidade permite acrescentar módulos dinamicamente na "LPA". Sentenças LPA não podem ser usadas no IPL. Os módulos são, na verdade, carregados em CSA. Quando o sistema busca por módulos na LPA a DLPA é procurada primeira.

- Exits (sentença EXIT)
  Exits são mecanismos de customização do sistema. Em determinados pontos do sistema (EXIT) é possível estabelecer uma rotina da instalação (exit routine) que receba o controle e tome decisões. É uma forma mais poderosa de customizar o sistema do que passando parâmetros. As sentenças EXIT possuem verbos para controlar (ADD, MODIFY DELETE) exits dinamicamente.

- IEFSSNxx
  Esse membro possui a definição dos subsistemas do z/OS. Suas sentenças são da forma:
  - **SUSBSYS** – Indica que um subsistema está sendo definido
  - **SUBSYSNAME** – Indica o nome do subsistema
  - **INITRTN** – Nome de um módulo de inicialização
  - **INITPARM** – Parâmetros de inicialização
  - **PRIMARY** – Indica se o subsistema sendo definido é o primário ou não
  - **START** – Indica se um comando START deve ser emitido automaticamente para o subsistema primário.

- COMMNDxx
  Esse membro possui comandos que serão emitidos automaticamente na inicialização do sistema.

5.1.7. SYS1.PROCLIB

É um PDS contendo as **procedures** (JCL) usadas durante a inicialização do z/OS (comando START). Alguns exemplos são:
- z/OS UNIX (system address space)
- JES (primary subsystem).

Outras PROCLIBs são definidas na PROC do JES.

5.1.8. SYS1.MANx

São VSAM ESDS usado para armazenar os registros SMF. Podem existir vários arquivos (SYS1.MAN1, SYS1.MAN2, SYS1.MAN3, etc.). São usados **ciclicamente** pelo SMF. Devem ser descarregados pra fita para serem reusados.

5.1.9. SYS1.DUMPxx

Esses datasets sequenciais são usados pelo sistema para gravação de *dumps* (SVC Dumps). Dumps são imagens de uma **memória virtual** no momento de um erro.

Os dumps também armazenam o conteúdo dos **registradores** nesse momento. Esses arquivos devem ser enviados para a IBM para diagnóstico de problemas.

5.1.10. SYS1.LOGREC

É um dataset sequencial usado pelo sistema para reportar erros de hardware e software. É enviado a IBM junto com os dumps para análise de problemas.

5.1.11. Outros datasets de sistema

Page Data Sets – Usados para paginação das áreas pagináveis (PLPA, COMMON, LOCAL) da memória virtual.

Catálogos – Usados para definir a estrutura de catálogos (BCS e VVDS) do sistema.

HFSs – Os HFSs dos file systems ROOT, /etc., e /var fazem parte do componente z/OS UNIX.

5.2. O processo de IPL

O processo de inicialização do z/OS é conhecido como *Initial Program Load* (**IPL**). O IPL é o ato de carregar uma cópia do sistema operacional do disco para memória e executá-lo. Essa operação é realizada através do *Hardware Management Console* (**HMC**). Um disco "IPLável" é aquele que contém registros de IPL (*bootstrap IPL records*) **IPL1** e **IPL2** e um **programa de IPL** (*IPL text*).

Para realizar o IPL, o operador associa um volume "iplável" (volume **SYSRES**) com uma partição lógica da máquina. Além disso, o operador especifica parâmetros de IPL – **LOADPARM**:

- **IODF** – Indica o disco onde reside o arquivo de configuração de I/O (IODF)
- **LOADxx** – Especifica o sufixo xx do membro LOADxx que será usado no IPL
- **IMSI** – Indica o nível de mensagens e perguntas que o sistema irá usar no IPL
- **Alt NUC** – Especifica um membro IEANUC0x. Sobrepõe-se a definição de LOADxx.

A figura 5.1 ilustra um operador executando um IPL através da HMC, indicando o volume SYSRES e uma LOADPARM.

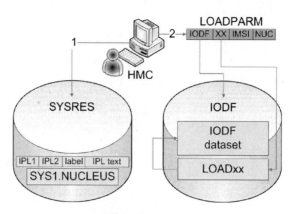

Figura 5.1 – *IPL*

No IPL o registro IPL1 é automaticamente carregado na memória. Esse registro contém uma PSW e duas CCWs. A primeira CCW causa a **leitura do segundo registro de IPL** (IPL2). A segunda CCW desvia o controle do programa de canal para IPL2.

O registro IPL2 também é um programa de canal que **carrega o programa de IPL** do disco para a memória. Ao final uma **interrupção** é gerada e a PSW de IPL1 é carregada e com isso o controle é desviado para o programa de IPL (*IPL text*). A figura 5.2 ilustra essa situação.

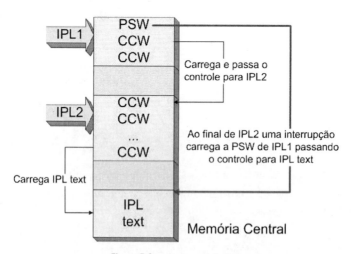

Figura 5.2 – *Programa de IPL*

O **programa de IPL** zera a memória disponível para esse sistema e localiza a biblioteca SYS1.NUCLEUS. A partir daí carrega e executa rotina conhecida como *IPL*

Resource Initialization Modules (**IRIMs**). Qualquer **problema** que ocorra no IPL antes do estabelecimento de comunicação com uma console resulta em uma em um *wait state code* carregado na **PSW** e apresentado na HMC. Esses códigos estão descritos no manual *MVS System Codes*.

Alguns dos primeiros **IPL Resource Initialization Modules** (**IRIMs**) são responsáveis pela leitura da LOADPARM informado na HMC. Uma vez de posse da LOADPARM, é iniciada a busca pelo membro LOADxx, que pode estar em:

- SYS*n*.IPLPARM e SYS1.PARMLIB no volume IODF, ou
- SYS1.PARMLIB no volume SYSRES.

Em algum instante o núcleo do sistema (IEANUC0x) é carregado em memória. A última IRIM carrega e executa o *Nucleus Initialization Program* (**NIP**).

O *Nucleus Initialization Program* (**NIP**) carrega e executa uma série de rotinas chamadas *Resource Initialization Modules* (**RIMs**). Uma das primeiras estabelece comunicação com a primeira **console** de NIP disponível e apresenta a pergunta **SPECIFY SYSTEM PARAMTERS.** Nesse momento o operador pode sobrepor parâmetros em IEASYS00 (ex SYSP=01). O NIP também inicializa as **UCBs** para os dispositivos de E/S disponíveis.

Ao final da etapa de NIP começa a inicialização do *Master Sheduler*. É a última etapa do IPL. Uma vez iniciado o Master Scheduler esse passa a iniciar os outros address sapce de sistema (system addres space). Os comandos em COMMNDxx são processados e os subsistemas em IEFSSN são inicializados. Uma vez iniciado o **subsistema primário**, o sistema está pronto para receber trabalho.

5.3. Referências

MVS Initialization and Tuning Guide, Manual.
MVS Initialization and Tuning Reference, Manual.

6.
Serviços de Sistema Operacional

Por dentro, o SO é visto como um gerente de recursos. Os diversos recursos da máquina são compartilhados entre várias aplicações. Por fora, o SO é visto como uma máquina estendida. Essa máquina disponibiliza serviços de mais alto nível para o programador.

Este capítulo tem como objetivo apresentar os serviços do MVS disponíveis para as aplicações. Os serviços do MVS estão descritos no manual *MVS Programming: Assembler Services Guide* e *MVS Programming: Assembler Services Reference*. Os serviços para programas autorizados estão ainda descritos nos manuais *MVS Programming: Authorized Assembler Services Guide* e *MVS Programming: Authorized Assembler Services Reference*.

6.1. Macros e Interrupções

Interrupção é um mecanismo para alterar o fluxo de instruções no processador. Em uma interrupção, o controle do processador é normalmente passado para o SO. Existem seis tipos (causas) de interrupção na arquitetura Z.

- **SVC** – Causada pela execução de uma instrução SVC
- **I/O** – Causada para sinalizar o término de uma operação de E/S
- **Externa** – Causada pelo término de um intervalo de tempo ou por outro processador
- **Restart** – Causada pelo operador
- **Program** – Causada por erros de programa ou falhas de página
- **Machine check** – Causada pela detecção de algum erro de hardware.

Quando uma interrupção ocorre, o conteúdo da PSW é armazenado em uma localização fixa da PSA (**OLD PSW**), que depende do tipo da interrupção. Após salvar a PSW nessa área, o processador carrega uma nova PSW (**NEW PSW**), também a partir de uma localização fixa na PSA. Uma vez carregada a nova PSW, o processador passa a executar a rotina apontada pelo campo de endereço de instrução dessa PSW.

As rotinas apontadas pelas NEW PSW são rotinas do SO e por essa razão, as NEW PSW possuem o bit P=0 (*supervisor state*). Com efeito, o estado do processador passará de *problem state* para *supervisor state*. Essas rotinas são chamadas de **FLIH** (*First Level Interrupt Handlers*) e existe uma para cada tipo de interrupção. Os FLIHs salvam o estado da DU interrompida, analisam a causa da interrupção e transferem o controle para uma rotina de serviço (**SLIH** – *Second Level Interrupt Handler*).

As interrupções e, portanto, os FLIHs são os pontos de entrada no sistema operacional.

Os serviços do sistema são obtidos através da instrução SUPERVISOR CALL (SVC). A execução da instrução SVC causa uma interrupção e consequentemente a passagem do controle do processador para o SO. A instrução SVC possui um único operando **imediato** (formato **I**), esse operando é interpretado pelo SO como o **identificador do serviço solicitado**.

A figura 6.1 ilustra a relação entre FLIHs e SLIHs, somente as SLIHs de SVC estão representadas.

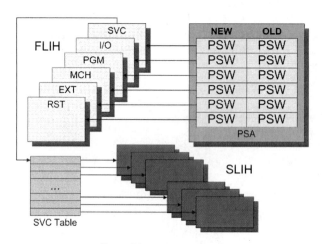

Figura 6.1 – *Instrução SVC*

Os programas escritos em *assembly* possuem três tipos de instruções:
- Instruções de máquina em forma mnemônica
- Instruções para o montador (*assembler*)
- Macro-instruções (ou simplesmente **macros**).

As **macro** são essencialmente **nomes** para uma **sequência predefinida de instruções**, são codificadas pelo programador e **expandidas** em tempo de montagem no programa.

A biblioteca SYS1.MACLIB contém as macros (API) do z/OS.

6.2. Gerenciamento de memória

Os principais serviços do sistema relativos à memória são GETMAIN e FREEMAIN.

A macro GETMAIN (SVC 04) requisita explicitamente uma região de memória virtual. A macro FREEMAIN (SVC 05) libera explicitamente uma região previamente alocada com GETMAIN.

Ambas invocam diretamente os serviços do Virtual Storage Manager (VSM). As macros GETMAIN e FREEMAIN só alocam memória abaixo da barra (2GB).

6.2.1. GETMAIN

Os principais parâmetros de GETMAIN

- LV – **tamanho** da região solicitada.
- U/C – indica se a requisição é **condicional** (retorna erro em caso de falha) ou **incondicional** (termina a task em caso de falha).
- SP – especifica o *subpool* de onde a memória deve ser alocada (default 0). O subpool representa um conjunto de atributos em comum para alocações. Exemplos: Localização (CSA, SQA, LSQA, Private), fetch protection, pagable, storage Key.

A macro GETMAIN retorna o endereço da região alocada em **GR1**.

Quando a aplicação solicita memória virtual, a **memória real não é alocada** inicialmente. Se essas áreas de memória ainda não estiverem mapeadas, o **GETMAIN bit** é setado na page table correspondente. No momento do **page fault**, o RSM aloca frames zerados para as páginas. A partir daí, o RSM e o ASM vão cuidar da página (algorítmo LRU).

6.2.2. FREEMAIN

A memória virtual pode ser liberada explicitamente por um FREEMAIN, no entanto, quando uma task termina, a memória associada a ela é **automaticamente** liberada. Ao final do address space (*memory termination*) toda memória alocada nas áreas **privadas** é liberada. As regiões da **área comum** devem ser **explicitamente** liberadas.

Como a memória virtual é alocada e liberada em espaços contíguos, **fragmentação** pode ocorrer. Um programa pode não conseguir um espaço contíguo que precise, apesar de haver memória virtual suficiente. Em certas ocasiões um IPL pode ser necessário.

6.2.3. STORAGE

Mais recentemente a macro STORAGE foi introduzida para alocação de memória virtual. Deve ser usada para programas rodando em AR ASC mode. Pode alocar memória em AS que não o primary. A macro STORAGE não expande para uma instrução SVC e sim um PC (program call) com mode switch. Os parâmetros OBTAIN e RELEASE correspondem às macros GETMAIN e FREEMAIN.

6.2.4. IARV64

A macro IARV64 é usada para alocar memória acima da barra (acima de 2GB). A memória acima da barra é alocada em "pedaços" conhecidos como memory objetcs. A partir desse momento as region tables são criadas para esse AS.

6.2.5 Paginação

Quando um frame é referenciado o Reference Bit (R) na STORAGE KEY é ligado. Periodicamente, uma rotina do SO verifica esses bits e altera o Unreferenced Interval Counter (UIC) das páginas da seguinte forma:

- Se (R = 0) então UIC = UIC +1
- Se (R = 1) então UIC = 0.

As páginas com maior UIC são as páginas LRU do sistema.

Quando a Available Frame Queue (AFQ) do sistema cai a uma determinada marca uma rotina de page-stealing é disparada. As frames com maior UIC (LRU) são integradas a AFQ. As entradas das tabelas de páginas que referenciam estas páginas são invalidadas. As páginas que foram **modificadas**, ou seja, possuem *change bit* (C) ligado são escritas em page datasets (**page-out**).

Quando uma página **inválida** é referenciada ocorre uma interrupção de programa (**page fault**). O sistema verifica se aquele endereço foi "GETMAINed". Se foi, o sistema tenta localizar a página na AFQ. Se a página ainda estiver lá, o sistema desliga o *invalid bit* da tabela de página que já aponta para esse frame, e retira a página da AFQ. Essa operação é chamada de **page reclaim**. Se a página não foi encontrada na AFQ, o RSM pega um frame livre da AFQ e solicita ao ASM um page-in. Por fim, se esta página não possui o GETMAIN bit ligado, a referência é inválida e o programa é anormalmente terminado (ABEND).

6.3. Gerenciamento de Processos

Os principais serviços de sistema relativos a processos são ATTACH, SCHEDULE, ABEND.

A macro **ATTACH** (SVC 42) é usada para solicitar a criação de uma *task*. A macro **SCHEDULE** solicita a criação de um *service request*. A macro **ABEND** (SVC 13) solicita o término de uma **task** ou **service request**.

6.3.1. ATTACH

Solicita a criação de uma nova task (TCB) ao sistema. A nova task passa a ser filha da task que executou o ATTACH. A task é "atachada" ao mesmo AS da task mãe. A nova task é uma unidade de trabalho independente, que pode ser despachada em paralelo com outras task no caso de vários processadores.

Os principais parâmetros são:

- **EP** – nome do programa inicial que a nova task vai executar.
- **TASKLIB** – indicação de bibliotecas com módulos de programas que poderão ser executados por essa task.
- **ECB** – um *event control block* para que o sistema possa sinalizar a mãe da task quando a mesma terminar.

Quando a task é criada com o parâmetro ECB a mãe deve realizar uma operação WAIT nessa ECB para esperar pelo término da filha. Ao final da execução da task filha, essa ECB conterá o ***return code*** do último programa executado pela task, em caso de término normal da task ou o **completion code** em caso de término anormal. Após o WAIT, a task mãe deve fazer um **DETACH** da TCB.

6.3.2. SCHEDULE

Usada para criar um service request (SRB). Esse serviço só está disponível para rotinas do sistema operacional (supervisor state e PSW key zero). SRBs podem ser agendadas em outro AS e podem ser locais ou globais.

Uma SRB global tem prioridade maior do que qualquer task no sistema. Uma SRB local tem prioridade maior do que qualquer task daquele AS. As SRBs possuem uma série de restrições (ex. não podem adquirir áreas de memória nem emitir SVCs). Os principais parâmetros da macro SCHEDULE são:

- SRB – o endereço do SRB, que contém, entre outras coisas, o endereço da rotina que vai ser executada por esse *service request*.
- SCOPE – local ou global.
- STOKEN – indica o AS onde que essa SRB vai endereçar quando executar.

6.3.3. ABEND

A macro ABEND invoca os serviços do Recovery Termination Manager (RTM). É usada para terminar uma TCB ou SRB. Um completion code diferente de zero indica um término anormal. Pode ser executada explicitamente pela task gerando um user completion code. Normalmente é invocada diretamente pelo sistema gerando um system completion code (MVS System Codes).

Os principais parâmetros da macro ABEND são:

- **Comp code** – Indica o *completion code* desse ABEND.
- **REASON** – Indica um *reason code* que complementa a causa do ABEND.
- **DUMP** – Solicita um **DUMP** em um DD SYSABEND, SYSMDUMP ou SYSUDUMP.
- **Code Type** – Indica se é um **user** ou **system** completion code.

6.4. Gerenciamento de programas

Os principais serviços de programas no z/OS são ATTACH, LINK, XCTL, LOAD e DELETE. A macro ATTACH solicita a execução de um programa por uma nova task. As macros LINK (SVC 06) e XCTL (SVC 07) solicitam a execução de um novo módulo, pela mesma task. As macros LOAD (SVC 08) e DELETE (SVC 09) solicitam a carga e a remoção respectivamente de um módulo em memória.

Os principais parâmetros desses serviços são o Entry Point (EP) do módulo de carga a ser executado/carregado. O serviço LINK solicita que o controle seja devolvido ao programa "chamador". O serviço XCTL solicita que o controle não seja devolvido ao programa "chamador".

A figura 6.2 ilustra as diferenças entre os serviços ATTACH, LINK e XCTL.

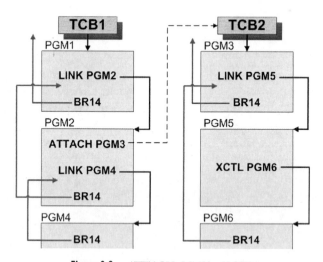

Figura 6.2 – *ATTACH, LINK e XCTL*

Um programa pode solicitar a execução de outro programa diretamente através das instruções BALR, BASR e BASSM. Nesse caso o programa já deve ter sido carregado em memória central e o endereço desse módulo, ou *entry point*, pode ser obtido através do serviço de LOAD.

Alternativamente, um programa pode passar o controle para outro através de serviços do sistema operacional (LINK, XCTL e ATTACH). Nesse caso o programa será carregado em memória caso uma cópia útil não seja encontrada.

Toda vez que um módulo é carregado ocorre uma alocação implícita de memória virtual.

6.4.1. *Linkage Conventions*

A passagem de controle entre programas requer algumas convenções no uso dos registradores. Essas convenções são conhecidas como **linkage conventions** e são convenções do SO e não da arquitetura.

O programa **chamador** (caller) deve:

- Alocar uma área de memória de 18 words (*save area*) e carregar esse endereço em GR 13.
- Carregar parâmetros em GR 0 e/ou GR 1.
- Carregar GR 15 com endereço da rotina a ser chamada.
- Executar um desvio para o endereço em GR 15 salvando o endereço de retorno em GR 14.

O programa chamado (target) deve:

- Retornar valores via GR0 e/ou GR1.
- Colocar return code em GR 15.
- Restaurar GR 2 – 14.
- Retorna o controle a quem chamou.

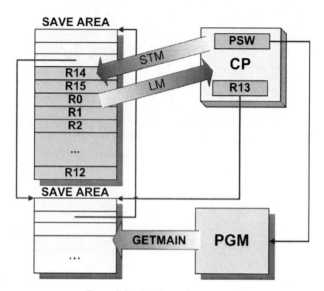

Figura 6.3 – *Linkage Conventions*

6.4.2. Ordem de Busca por Programas

Sempre que alguém executa LINK, XCTL, ATTACH ou LOAD o sistema deve **localizar o módulo** a ser executado/carregado. Para tal, o sistema segue uma ordem de busca. Essa busca envolve áreas da **memória** e datasets em **disco** e é conhecida como *System Serach Order for Programs*.

6.4.2.1. JOB PACK AREA (JPA)

Um programa em JPA já foi carregado na área privada desse AS. Se essa cópia do módulo puder ser usada, ela será. Se não puder, o sistema pode:

- Continuar a busca para carregar uma nova cópia
- Adiar a requisição até que essa cópia possa ser usada (ex.: programa serialmente reusável).

6.4.2.2. TASKLIB

Esse é um parâmetro de ATTACH que especifica uma concatenação para essa task em particular. Se for encontrado lá, o módulo é carregado na área privada (JPA) e a busca se encerra. Caso o módulo não seja encontrado, a busca continua...

6.4.2.3. STEPLIB ou JOBLIB

São cartões DD especiais em um job. Especificam concatenações de bibliotecas de programa específicas para um STEP ou para todo o JOB. Se o STEP tiver um STEPLIB, JOBLIB não será usado. Se o módulo for encontrado, é carregado na área privada (JPA).

Se não for, a busca continua...

6.4.2.4. LPA

A busca na LPA segue a seguinte ordem:
- DLPA (LPA dinâmica)
- FLPA
- MLPA
- PLPA.

Se o módulo for encontrado em LPA **não precisam ser carregados**, pois já se encontram em memória virtual.

Se não for encontrado, a busca continua...

6.4.2.5. LINK LIST

Por fim, o módulo é procurado na concatenação de bibliotecas link list.

Se for encontrado lá, será carregado na área privada do AS e usado. Se não a task que solicitou o módulo sofrerá um **ABEND**.

A figura 6.4 ilustra essa sequência de passos.

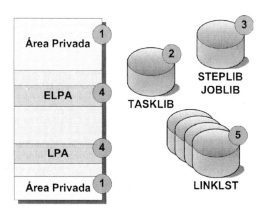

Figura 6.4 – *Ordem de busca por programas*

6.4.3. LLA e VLF

Os componentes LLA e VLF ajudam na busca por módulos. O **LLA** (*Library Lookaside*) faz **cache do diretório** dos PDS de programas no seu AS. Por default, o LLA gerencia apenas as bibliotecas que fazem parte da **linklist**, mas o administrador do sistema pode indicar outras bibliotecas a serem gerenciadas.

O LLA também pode solicitar ao **VLF** que faça **cache dos módulos** em si. O LLA e o VLF são controlados pelos membros CSVLLAxx e COFVLFxx da PARMLIB.

6.5. Comunicação entre processos

Os principais serviços de comunicação entre processos são WAIT/POST e ENQ/DEQ. As macros WAIT (SVC 01) e POST (SVC 02) são usadas para esperar e sinalizar, respectivamente, eventos. As macros ENQ (SVC 38) e DEQ (SVC 30) solicitam a serialização e a liberação, respectivamente, de um recurso.

6.5.1. WAIT e POST

As macros WAIT e POST operam sobre um *Event Control Block* (ECB). Cada ECB é um bloco de controle em memória que representa o evento. Para esperar por um determinado evento do sistema, como por exemplo o término de uma operação de E/S, uma task emite um WAIT contra o ECB que representa aquele evento. De modo similar, uma task emite um POST contra um ECB quando deseja sinalizar a ocorrência de um evento. Após realizar um WAIT com sucesso, a task normalmente sai da fila do dispatcher (ready-queue). A task só volta a ready-queue quando uma outra task emite um POST contra esse ECB. Um ECB pode ser POSTado antes do WAIT e nesse caso a task permanece na ready-queue.

Cada ECB é uma palavra de quatro bytes, e possui um bit de wait, um bit de post e um completion code com informações acerca do evento ocorrido.

As rotinas de WAIT e POST estão ilustradas na figura 6.5.

Serviços de Sistema Operacional   117

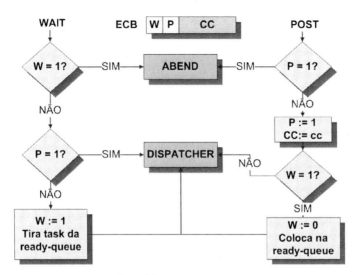

Figura 6.5 – *WAIT e POST*

6.5.2. ENQ e DEQ

As macros ENQ e DEQ invocam os serviços do componente *Global Resource Serialization* (**GRS**) que é o principal mecanismo de **serialização** do sistema operacional.

Para o GRS, um recurso é representado por um nome no formato **QNAME.RNAME** (também referenciado como *major.minor*) onde QNAME significa basicamente o tipo do recurso e RNAME nomeia um recurso daquele tipo em particular. Por exemplo o recurso SYSDSN.CONTAS representa o dataset de nome CONTAS (SYSDSN representa recursos do tipo dataset).

Através do serviço ENQ uma task pode solicitar um recurso em modo **compartilhado**, usado por exemplo para operações de leitura, ou **exclusivo**, utilizado comumente em operações de leitura. Várias tasks podem obter um recurso em modo compartilhado, mas apenas uma task pode obter o recurso em modo exclusivo.

A macro ENQ permite também que seja especificado o **escopo** da serialização do recurso. Os escopos que o GRS define são o address spaces (STEP), uma imagem de sistema operacional (SYSTEM) ou um parallel sysplex (SYSTEMS). Utilizando o exemplo acima, se o dataset CONTAS for serializado em modo exclusivo com o escopo SYSTEMS nenhuma outra task em todo o parallel sysplex poderá utilizar aquele recurso até que um DEQ seja emito pela task que obteve o recurso.

A utilização de uma hierarquia de dois níveis para nomear os recursos e a delimitação do escopo, reduzem a possibilidade de utilização de um mesmo nome para designar recursos distintos, o que acarretaria em uma falsa contenção nos acessos aos mesmos.

Os principais parâmetros da macro ENQ são:
- QNAME/RNAME – Estabelecem o nome do "recurso" sendo serializado
- E/S – Indicam se a requisição é compartilhada (S) ou exclusiva (E)
- STEP/SYSTEM/SYSTEMS – Estabelece o escopo do enqueue
    o STEP – Address space.
    o SYSTEM – z/OS.
    o SYSTEMS – Sysplex (conjunto de z/OSs).

A figura 6.6 ilustra uma sequência de eventos no tempo em relação ao uso de um recurso do sistema.

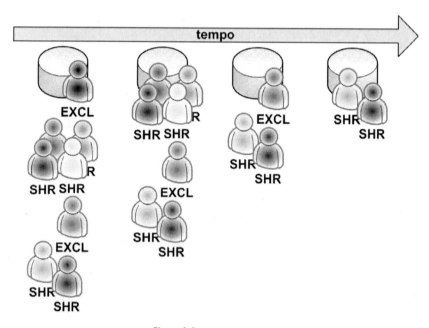

Figura 6.6 – *ENQ e DEQ*

No primeiro instante, apenas um usuário possui acesso exclusivo ao recurso.

No segundo momento, o usuário exclusivo libera o recurso (DEQ) e quatro usuários (tasks) têm acesso ao recurso em modo compartilhado. É importante observar que ainda existem duas tasks na fila em modo compartilhado. Isso ocorre porque uma task solicitou um recurso em modo exclusivo antes. No terceiro instante, o usuário exclusivo utiliza o recurso e libera o mesmo para que no quarto e último instante, os dois usuários utilizem o recurso em modo compartilhado.

6.6 Gerenciamento de E/S

Os principais serviços de E/S do sistema são OPEN/CLOSE, READ/WRITE, GET/PUT e EXCP. A macro **OPEN** (SVC 19) prepara um dataset para ser processado enquanto que a macro **CLOSE** (SVC 20) sinaliza ao sistema operacional o término do processamento do mesmo. As macros **READ/WRITE** e **GET/PUT** servem para ler/escrever registros em um dataset enquanto que a macro **EXCP** (SVC 00) solicita a execução de um programa de canal ao sistema operacional.

6.6.1. Alocação

Antes que o arquivo possa ser processado, ocorre um processo chamado alocação. Alocação significa **conectar logicamente** o dataset à aplicação. Na alocação pode ocorrer, também, a reserva de **espaço em disco**. No z/OS existem dois tipos de alocação: *job step allocation* e *dynamic allocation*. A alocação do tipo *job step* ocorre antes que o programa inicie sua execução e é solicitada através da codificação de um cartão DD no JCL usado para executar o programa. Um exemplo típico desta situação é a alocação de datasets realizada pelo *initiator* para jobs batch. A alocação dinâmica, por sua vez, é solicitada explicitamente pelo programa (através da codificação da macro DYNALLOC) durante sua execução. A alocação dinâmica de datasets pode ser utilizada, por exemplo, por um servidor de transferência de arquivos para armazenar um arquivo que está sendo recebido pela rede.

6.6.2. OPEN/CLOSE

As macros OPEN e CLOSE operam sobre um Data Control Block (DCB). A macro DCB é utilizada pelo programador para construir um DCB. Essa é uma situação onde uma macro possui o mesmo nome de um bloco de controle, mas é importante lembrar que a macro é uma construção do *assembler* enquanto o bloco de controle é uma estrutura de dados em memória. Através da macro DCB o programador informa o método de acesso que vai ser usado para processar o arquivo. Baseado nesta informação o sistema operacional, no momento do OPEN, grava o endereço da rotina do método de acesso no DCB. Esse endereço será usado toda vez que o programa chamar os serviços do método de acesso para ler ou escrever registros. Também durante o OPEN, o DCB é preenchido também com informações da DSCB e do cartão DD do JCL como ilustra a figura 6.7.

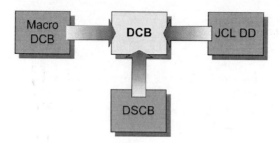

Figura 6.7 – *DCB*

6.6.3. READ/WRITE – GET/PUT

As macros READ/WRITE e GET/PUT não expandem em SVCs. Provocam desvios (ex. BALR) para o endereço do método de acesso gravado no DCB. As macros **READ** e **WRITE** são serviços de métodos de acesso **basic** enquanto que as macros **GET** e **PUT** são serviços de métodos de acesso **queued**.

Os métodos de acesso não executam em *supervisor state*, são programas reentrantes em LPA que escrevem o programa de canal.

6.6.4. EXCP

A macro EXCP expande para um SVC 00 e recebe como parâmetro um *I/O Block* (**IOB**). O IOB aponta para:

- Um **ECB** que será postado ao fim da operação.
- O **DCB** do dataset.
- Um **programa de canal**.

Um método de acesso **queued** fará **WAIT** nessa ECB. Um método de acesso **basic não fará**.

Após a SVC 0, o SLIH acionado é o ***EXCP driver***. O EXCP driver é responsável por traduzir os endereços do programa de canal p/ real (o canal não tem DAT), fazer *page fix* dos *buffers* de I/O e invocar o I/O Supervisor (**IOS**).

O I/O Supervisor (IOS) é o componente do z/OS responsável pelas operações de **E/S**. Esse componente localiza a UCB relativa a essa operação e emite **SSCH** para o dispositivo se a UCB que representa o dispositivo estiver livre. Caso contrário (UCB *busy*) a operação é enfileirada.

A figura 6.8 ilustra uma aplicação executando um GET em um DCB previamente criado. Esse GET resulta em um desvio para a rotina do método de acesso, que por sua vez, aciona o SO via EXCP (SVC zero).

Serviços de Sistema Operacional

Na interrupção, o FLIH de SVC passará o controle para o *EXCP driver* que por sua vez, passará o controle para o IOS. O IOS por fim emite a instrução SSCH, iniciando assim a operação de E/S. Ao final da SVC, o *dispatcher* é chamado para despachar a DU de maior prioridade no sistema.

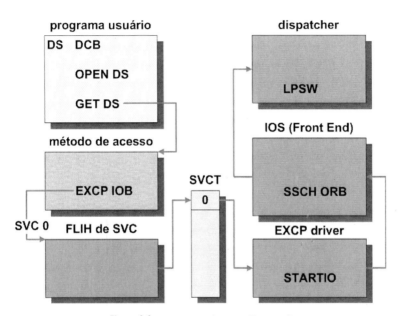

Figura 6.8 – *Operação de E/S (front end)*

Em algum instante, a *task* que solicitou a operação de E/S será despachada novamente, na instrução seguinte a SVC zero, ainda executando o método de acesso. Esse por sua vez, emitirá um WAIT na ECB associada ao IOB, para aguardar o término da operação de E/S. Assumindo que a operação ainda não completou (o ECB ainda não foi postado) essa *task* será retirada da *ready-queue* e assim não poderá ser despachada.

Uma vez que a operação de E/S complete, uma interrupção é gerada e o FLIH de I/O (IOS back end) é chamado para verificar se a operação foi completada com sucesso e para agendar (SCHEDULE) uma SRB que executará a rotina de POST no AS onde se encontra a task que solicitou a operação de E/S (e, portanto o AS onde está o ECB). Essa operação é conhecida como Cross-Memory Post (não confundir com cross memory services) e se encontra ilustrada na figura 6.9.

Após a execução dessa SRB, a task que solicitou a operação de E/S entrará novamente na ready-queue e poderá então processar os registros lidos.

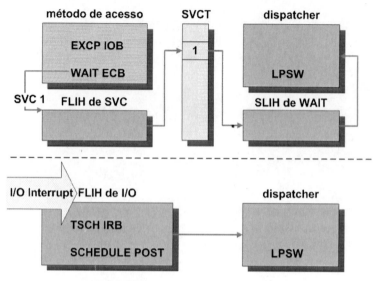

Figura 2.45 – *Operação de I/O (back end)*

6.7. Referências

MVS Initialization and Tuning Guide

MVS Programming: Assembler Services Guide

MVS Programming: Assembler Services Reference, Volume 1 (ABEND-HSPSERV)

MVS Programming: Assembler Services Reference, Volume 2 (IARR2V-XCTLX)

MVS Programming: Authorized Assembler Services Guide

MVS Programming: Authorized Assembler Services Reference, Volume 1 (ALESERV-DYNALLOC)

MVS Programming: Authorized Assembler Services Reference, Volume 2 (ENFREQ-IXGWRITE)

MVS Programming: Authorized Assembler Services Reference, Volume 3 (LLACOPY-SDUMPX)

MVS Programming: Authorized Assembler Services Reference, Volume 4 (SETFRR-WTOR).

MVS System Codes

7.

Parallel Sysplex

7.1. Motivações

O **Parallel Sysplex** (*parallel system complex*) é a tecnologia de **cluster** do Mainframe. É implementada por componentes de **software** e **hardware**. As principais motivações de uma tecnologia de cluster são o **incremento de capacidade "horizontal"** e a **alta disponibilidade**.

Incremento de capacidade horizontal é um modo de acrescentar capacidade agregando novas máquinas a uma instalação. A alta disponibilidade é a soma de dois componentes: a disponibilidade contínua e a operação contínua e visa manter os serviços no ar com o mínimo de interrupções possíveis.

7.2. Objetivos

Os principais objetivos dessa tecnologia são:

- **Compartilhamento de dados** – Todos os sistemas devem ser capazes da acessar todas as bases de dados.
- **Balanceamento dinâmico de carga** – A carga deve ser distribuída dinamicamente pelos sistemas do cluster.
- **Disponibilidade contínua** – Deve ser possível construir o cluster sem pontos únicos de falha (SPOFs).
- **Operação contínua** – A manutenção ou adição de um sistema não deve afetar os demais, que continuam processando.
- **Single System Image** – Todos os componentes devem se apresentar externamente como se fossem uma entidade única.

7.3. Compartilhamento de dados

Os Sistemas de Gerenciamento de Banco de Dados (SGBDs) controlam bases de dados em disco, porém, dois tipos de estruturas devem ser mantidos em memória central.

- **Locks** – São estruturas que controlam o acesso aos dados efetuados por transações concorrentes.
- **Cache** – São áreas de memória central utilizadas para armazenar dados recentemente lidos do disco, com objetivo de evitar novas operações de E/S e com isso melhorar o desempenho do sistema.

A figura 7.1 ilustra a estrutura genérica de um SGBD.

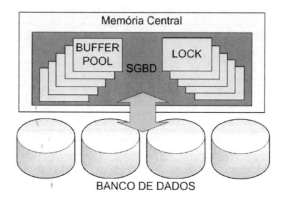

Figura 7.1 – *Estrutura de um SGBD*

Antes da tecnologia de *parallel sysplex*, existiam basicamente duas arquiteturas para um cluster de banco de dados, o particionamento de dados (*shared nothing*) e o compartilhamento de discos (*shared disks*).

7.3.1. Particionamento de dados

Nesse modelo o banco de dados é particionado pelos SGBDs (nós) do cluster. Cada nó só pode ler e modificar diretamente sua porção do banco. Cada nó pode também manter **locks** e *cache* de suas porções livremente, sem necessidade de comunicação com outros sistemas.

Parallel Sysplex

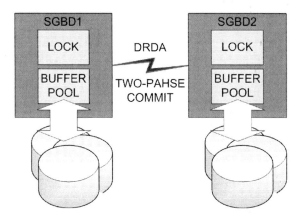

Figura 7.2 – *Particionamento de dados*

Apesar da simplicidade, esse modelo apresenta algumas dificuldades. Um protocolo de efetivação distribuído (*Two-phase commit*) é necessário para transações que atualizam dados em SGBDs diferentes, aumentando o overhead das transações. Outra dificuldade é que pode ser extremamente difícil particionar a base de maneira a balancear a carga entre os nós do cluster. É possível que ocorram picos de superutilização em alguns nós enquanto outros se encontram subutilizados. Além disso, a adição de novos dados, ou mesmo de novos nós, podem requerer um reparticionamento da base de dados.

A figura 7.2 ilustra o esquema de um cluster utilizando o particionamento de dados.

7.3.2. Compartilhamento de discos

No modelo de compartilhamento de discos, todos os **discos** com as bases são compartilhados por todos os nós. Contudo os nós **não** compartilham memória central.

Nesse modelo a carga pode ser dinamicamente balanceada pelos nós do cluster, permitindo assim crescimento horizontal transparente e alta disponibilidade.

Contudo, existe a necessidade de protocolos de gerenciamento de *locks* distribuídos e mecanismos de coerência de *cache*. Esses mecanismos são normalmente implementados através de passagem de mensagens entre os nós do cluster. Os protocolos de comunicação convencionais (ex.: TCP/IP) possuem alto overhead e causam interrupções nos sistemas destino para que os mesmos processem as mensagens, resultando em uma baixa escalabilidade.

A figura 7.3 ilustra a arquitetura de discos compartilhados.

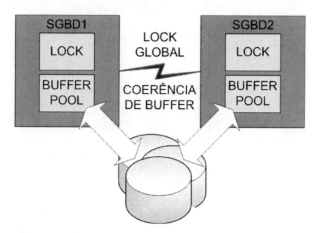

Figura 7.3 – *Compartilhamento de disco*

7.3.3. Compartilhamento de dados

A IBM introduz a arquitetura de compartilhamento de dados (***Data Sharing***) com objetivo de manter os benefícios de compartilhamento de disco, mas reduzindo suas penalidades.

Nessa arquitetura os nós do cluster possuem uma memória **compartilhada** (*coupling facility*) especializada para *locks* e *cache* com objetivo de atingir **alto desempenho** e **escalabilidade praticamente linear**.

A figura 7.4 ilustra a arquitetura de compartilhamento de dados (Data Sharing).

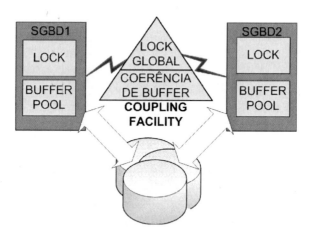

Figura 7.4 – *Compartilhamento de dados*

Parallel Sysplex

Estamos agora prontos para definir que um *Parallel Sysplex* é composto de:
- Um conjunto de **nós de processamento** executando z/OS (cada nó pode ter mais de um processador)
- Um conjunto de **discos** compartilhados com dados e programas
- Uma ou mais **coupling facilities**
- Um **sysplex timer**, que provê sincronismo de relógio entre os nós do cluster.

A figura 7.5 ilustra os componentes de um Parallel Sysplex.

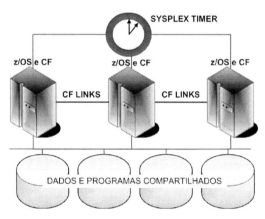

Figura 7.5 – *Parallel Sysplex*

7.4. Coupling Facility

A *coupling facility* (CF) é a memória compartilhada especializada do *parallel sysplex*. Ela é conectada aos nós de processamento através de *coupling-links* de baixa latência.

A CF é implementada como um tipo especial de **partição lógica** da máquina, executando o *software Coupling Facility Controle Code* (**CFCC**).

7.4.1. Coupling-links

Alguns tipos de coupling facility são:
- **IC** (*Internal Coupling*) – São links **lógicos** definidos para conexão entre um z/OS e uma CF no mesmo CEC.

- **ICB** (*Integrated Cluster Bus*) – São links de **cobre**. O tamanho máximo do cabo é **10 metros**. A banda pode chegar a **2GB/s** (ICB-4).
- **ISC** (*Inter-System Channel*) – Links de **fibra** ótica. A distância pode chegar a **40 km** (DWDM). Até **200 MB/s** (ISC-3).

7.4.2. Coupling Facility Control Code (CFCC)

O Coupling Facility Control Code (CFCC) é o sistema operacional da CF. Esse sistema operacional não trabalha por interrupção. Ao invés disso, o CFCC faz **polling** nos CF links para verificar a chegada de requisições.

O CFCC é um sistema simples (se comparado ao z/OS), que não precisa dar suporte a diversos aplicativos e por isso executa sem memória virtual (DAT-off).

O CFCC é capaz de utilizar mais de um processador da máquina. Esses processadores são configurados como ICF (Internal Coupling Facility).

7.4.3. Estruturas

A memória central da maioria dos computadores é dividida em bytes e possui as operações de leitura (READ) e escrita (WRITE). A memória da CF, por outro lado, é dividida em três tipos de **estruturas: lock**, **cache** e **list**. Podem existir **várias** estruturas de cada tipo em uma CF e existem diferentes operações, ou requisições, associadas a cada tipo de estrutura.

A instrução SEND MESSAGE é usada para efetuar requisições a CF. Através de um parâmetro da instrução, é possível controlar se as requisições serão realizadas de forma síncrona ou assíncrona. Nas requisições **síncronas**, o processador que realizou a requisição espera pela resposta da CF antes de executar a próxima instrução. As requisições síncronas apresentam um tempo de resposta menor do que as assíncronas. Nas operações **assíncronas**, o processador não aguarda a resposta da CF e passa a executar a próxima instrução assim que a requisição é realizada. As requisições assíncronas apresentam um tempo de resposta maior, quando comparadas às requisições síncronas, porém podem proporcionar um consumo menor de processamento no sistema que originou a requisição, em casos onde o custo de receber a resposta assincronamente é menor do que o de esperar pela resposta. O z/OS utiliza heurísticas para determinar se a requisições será feita de forma síncrona ou assíncrona. A notificação das respostas às requisições assíncronas é feita através de *local state vectors*. *Local state vectors* são seqüências de bits, em memória central não endereçável diretamente pelo sistema operacional, que são ligados ou desligados pela CF para indicar a ocorrência de eventos, sem que haja a necessidade de uma interrupção nos processadores do sistema operacional. Ou seja, além de não utilizar o mecanismo de interrupções internamente, a CF também não interrompe o z/OS para comunicar eventos. Existem instruções de máquina específicas para que o sistema possa manipular os *local state vectors*.

A figura 7.6 ilustra o modelo conceitual de um CF.

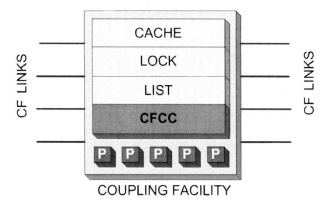

Figura 7.6 – *Coupling Facility*

7.4.3.1. ESTRUTURAS DE LOCK

As estruturas de *lock* auxiliam na implementação de protocolos globais de concorrência. São usadas para **detecção de contenção** por *locks*. Uma função **hash** mapeia o identificador do *lock* em uma entrada na *lock table* da CF.

As estruturas de lock se apresentam em forma de uma *lock table*. Cada entrada dessa tabela possui um identificador do sistema com interesse **exclusivo** naquela entrada e um *bit map* com os sistemas com interesse **compartilhado** naquela entrada.

Só em caso de contenção os sistemas envolvidos precisam trocar mensagens para negociar o lock. Algorítmos eficientes de *hashing* e *locking* reduzem **contenção falsa**. A tabela de locks é ilustrada na figura 7.7.

Figura 7.7 – *Estrutura de lock*

7.4.3.2. Estruturas de cache

A estrutura de cache é usada para o gerenciamento de **coerência** de buffers. Essa estrutura permite que cada sistema mantenha cópias **locais** em memória central dos dados com garantia de **integridade** e desempenho. Permite ainda que os dados sejam mantidos na própria memória da CF, funcionando também como um cache **global**. Com isso, a CF acrescenta um nível na hierarquia de memória entre a memória central e o disco.

A estrutura de cache foi desenvolvida para suportar basicamente três modelos de *caching*:

- **Directory-only** – Utiliza apenas os mecanismos de coerência da CF. Não armazena dados na CF.
- **Store-through** – Dados atualizados são escritos na CF e no disco. A CF pode liberar a cópia.
- **Store-in** – A cópia do dado na CF pode ser mais atual do que a cópia em disco. O gerenciador dos dados deve fazer castouts para liberar espaço.

O exemplo da figura 7.8 ilustra o mecanismo de invalidação para coerência de buffer. Neste exemplo, um usuário (explorador) da estrutura de *cache* atualiza uma das páginas em seu *buffer pool* local e em seguida informa à CF o ocorrido. A CF envia mensagens de *cross invalidation* para todos os sistemas que também mantém uma cópia local desta página. A invalidação vai apenas ligar bits nos *local state vectors* dos sistemas envolvidos no compartilhamento, sem interrompê-los. Antes de ler dados do seu *buffer pool* local, os membro do grupo devem consultar o *local state vector* para determinar se a página que contem o dado ainda está válida. Se a página estiver válida, a leitura pode proceder normalmente. Se a página estiver inválida, uma nova cópia deverá ser buscada da própria CF, ou do disco, dependendo da modalidade de *cache* utilizada por esse grupo de aplicações.

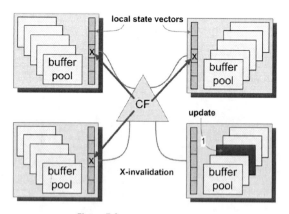

Figura 7.8 – *Estrutura de cache*

7.4.3.3. Estruturas de lista

As estruturas de lista fornecem um mecanismo de **propósito geral** para troca de informações entre sistemas. São usadas, por exemplo, para:

- Distribuição de carga
- Passagem de mensagens
- Blocos de controle compartilhados

Cada lista tem um header e suas entradas. As estruturas de lista possuem as operações típicas de listas como: leitura, inserção, atualização, remoção, etc. e suportam políticas LIFO e FIFO como ilustra a figura 7.9.

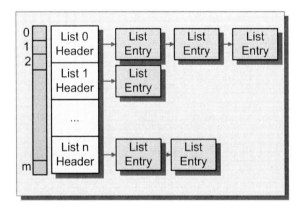

Figura 7.9 – *Estrutura de lista*

7.5. Serviços do sistema operacional

Os principais componentes do z/OS que implementam o *parallel sysplex* são o *Cross System Coupling Facility* (**XCF**), o *Cross System Extended Services* (**XES**) e o *Global Resource Serialization* (**GRS**).

7.5.1. Cross System Coupling Facility (XCF)

O XCF é o componente do z/OS que fornece comunicação entre grupos de aplicações. Estas aplicações podem residir em imagens de sistema operacional diferentes (multisystem application). Cada instância de aplicação é considerada um membro do grupo. Os links de comunicação entre os XCFs de sistemas diferentes podem ser channel-to-channel adapters (CTCs) e/ou estruturas de lista na CF.

O XCF provê os seguintes tipos de serviço:

- **Serviços de Grupo** – usado pelas aplicações multissistema (membros) para se juntar e deixar grupos (IXCJOIN).
- **Serviços de Sinalização** – permite a comunicação entre membros do grupo (IXCMSGO, IXCMSGI).
- **Serviços de Monitoração de Status** – Permite que os membros notifiquem e sejam notificados sobre o status de outros membros do grupo.

Os XCF se comunicam através de *signaling path*. Os signaling path podem ser CTCs ou estruturas de list na CF. Os CTCs são usados de forma unidirecional e é necessário que existam conexões entre todos os z/OS do sysplex (N x N-1 ligações). As estruturas de lista são bidirecionais e cada sistema precisa estar apenas conectado a CF, simplificando assim a infra-estrutura de interconexão

As definições de *Transport Class* permitem a associação de grupos de aplicações a signaling paths específicos, promovendo assim um controle na distribuição dos recursos de comunicação do XCF.

O exemplo da figura 7.10 ilustra a comunicação entre XCFs em z/OS distintos. Neste exemplo, um explorador, ou seja, um usuário do XCF no z/OS A emite a macro IXCMSGO para enviar uma mensagem para outro membro do seu grupo. A mensagem será copiada para um dos *output buffer pools* do XCF dependendo do tamanho da mensagem e do grupo do explorador. Em seguida a mensagem será encaminhada para o z/OS B através de um dos *signaling paths* definidos para o XCF. O XCF encaminhará a mensagem pelo melhor caminho disponível no momento. No sistema destino, o z/OS B, a mensagem será copiada para o input buffer pool e poderá ser lida pelo destinatário através da macro IXCMSGI.

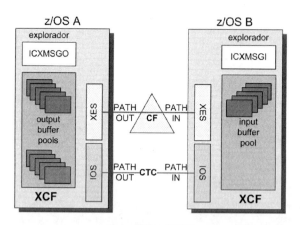

Figura 7.10 – *XCF*

7.5.2. Couple Data Sets

Couple Data Sets (CDS) são datasets com parâmetros de sistema, como a PAR-MLIB, só que projetados para serem compartilhados entre sistemas e tolerantes a falhas. Esses datasets não são manipulados (criados e editados) diretamente pelo administrador do sistema, que o faz através de utilitários específicos.

Os parâmetros armazenados nos CDS são chamados de **políticas**. Existem vários CDS em um sysplex e cada CDS contém as políticas referentes a um componente do sysplex. Podem existir múltiplas políticas armazenadas em um CDS, porém só uma política pode estar ativa por vez.

A tolerância a falhas é obtida através da definição de dois CDS, um **primário** e um **alternado**. Todas as atualizações no primário são refletidas no alternado e em caso de falha do primário, o sistema passa a usar automaticamente o secundário. Opcionalmente pode ser definido um *spare*.

O *Sysplex Couple Data Set* é o principal couple data set (CDS) do sysplex. Esse é CDS usado pelo XCF para

- Informações sobre os z/OS e os grupos do sysplex
- Informações sobre signaling paths
- Informações sobre *heart-beat* que indicam os sistema que estão ativos no sysplex.

Outros exemplos de Couple Data Sets são:

- **Coupling facility resource management (CFRM) CDS** – Contém definições das estruturas da CF (nome, tamanho, etc.).
- **Sysplex failure management (SFM) CDS** – contém políticas com relação às falhas de links, falhas de sistema, etc.
- **Workload Manager (WLM) CDS** – contém as políticas do WLM, ou seja, as service classes e seus goals.

7.5.3. Cross System Extended Services (XES)

O XES é o componente do sistema que faz acesso a Coupling Facility. Seus serviços são basicamente:

- **IXLCONN/IXLDISC** – Usado para conectar/desconectar o usuário a uma estrutura. Alguns atributos da estrutura vêm da macro, outros do CFRM CDS.
- **IXLCACHE** – Serviços de cache
- **IXLLIST** – Serviços de lista
- **IXLLOCL** – Serviços de lock.

7.5.3.1. Recuperação de estruturas

Para evitar indisponibilidades no acesso a estruturas decorrentes de falhas em CFs, falhas em CF links ou reconfigurações planejadas, pode ser necessário que uma estrutura seja recuperada. Com esse propósito foram desenvolvidos dois tipos de recuperação, o *rebuild* que consistem em recriar a estrutura em uma outra CF, e o *duplexing* (também chamado de *duplex rebuild*) que consiste em manter duas cópias da estrutura em sincronismo. Para cada um dos tipos de recuperação existem duas formas de gerenciamento, a forma *user-managed* que atribui maior responsabilidade ao explorador da estrutura no processo de recuperação, e a forma *system-managed* onde o sistema livra o explorador de grande parte das tarefas de recuperação, totalizando assim quatro modalidades de recuperação descritas a seguir.

Em *user-managed rebuild* o XES apenas coordenada os exploradores na reconstrução da estrutura em caso de alguma falha. A estratégia de reconstrução está a cargo dos exploradores, que conhecem o conteúdo da estrutura e podem então empregar técnicas mais eficientes no processo de reconstrução. Outra vantagem desta modalidade é não precisar da cópia "antiga" da estrutura para restabelecer uma nova e por isso pode ser utilizada em casos de falha de total de conectividade ou na CF.

Em *user-managed duplexing* o explorador mantém cópias (primária e secundária) da estrutura em CFs distintas. Em caso de falha a estrutura não precisará ser recriada, pois já existe uma cópia em outra CF. O consumo extra de memória proporciona uma "recuperação" instantânea. Essa modalidade só existe para estruturas de *cache* e é usada pelo DB2.

Em *system-managed rebuild* o processo de reconstrução é realizado pelo XES não sendo assim necessário que os exploradores estejam conectados a estrutura. Esse método só é usado para reconfiguração planejada e não pode ser usado para falhas uma vez que o XES deve ter acesso a estrutura "antiga".

Em *system-managed duplexing* o próprio XES é o responsável por manter as duas cópias da estrutura sincronizadas e fornece com isso um mecanismo de alta disponibilidade transparente para o explorador. Contudo, por se tratar de um mecanismo genérico, é menos eficiente do que a duplicação *user-managed*. O *lock manager* IRLM é um dos principais exploradores desse recurso.

7.5.4 Global Resource Serialization (GRS)

Conforme já mencionado, o GRS é o principal serviço de serialização do sistema. Como uma pequena recapitulação do que já foi visto, podemos lembrar que os recursos seguem um padrão de nome QNAME.RNAME (ou MAJOR.MINOR), os acessos podem ser exclusivos ou compartilhados, e o escopo pode ser um único address space (STEP), um z/OS (SYSTEM) ou todo um sysplex (SYSTEMS).

Além dos serviços ENQ e DEQ descritos anteriormente, outro importante serviço do GRS é o RESERVE. O serviço RESERVE solicita acesso a um dataset reservando todo o volume. Esse serviço é implementado através de uma cooperação entre o sistema operacional e a controladora de storage. No momento em que a macro RESERVE é emitida, o sistema envia uma ***CCW de reserve*** para a controladora com o objetivo de reservar o volume. Uma vez que o volume foi reservado, outros sistemas não podem obter acesso a nenhum dataset do volume. Porém, requisições oriundas do sistema para o qual o volume foi reservado ainda podem ser satisfeitas, e existe a possibilidade de monopolização do volume. O uso de RESERVE só é recomendado para serialização de datasets por z/OSs em sysplex diferentes.

Em determinadas situações, pode ser interessante para o administrador do sistema sobrescrever as opções realizadas pelos programas para os serviços do GRS de alguns recursos. Como exemplo, imagine um componente do sistema que faça um ENQ com escopo SYSTEM em um dataset. Para o correto funcionamento desse programa em ambiente sysplex, pode ser necessário converter o escopo deste ENQ para SYSTEMS. Para permitir alterações desse tipo, o z/OS possui um membro na PARMLIB (GRSRNLxx) no qual o adminstrador do sistema especifica três ***Resource Name Lists*** (**RNL**). A ***System Inclusion RNL*** especifica os recursos para os quais um ENQ terá seu escopo alterado para SYSTEMS. A ***Systems Exclusion RNL*** especifica os recursos para os quais um ENQ terá o escopo convertido para SYSTEM e a ***Reserve Convertion RNL*** especifica os recursos para os quais um RESERVE será convertido para um ENQ com o escopo SYSTEMS.

Do ponto de vista de sua infra-estrutura, o GRS pode ser configurado em duas topologias: RING ou STAR. Na topologia de RING todos os sistemas mantêm informação completa em relação aos ENQ. A informação de ENQ/DEQ flui através de uma rede em anel (estilo token-ring). Essa rede pode ser formada por links XCF ou GRS-managed CTCs. Essa é uma topologia antiga e não é recomendada devido a problemas com disponibilidade e desempenho.

A figura 7.11 ilustra uma configuração de GRS baseada em anel.

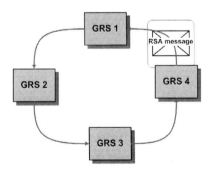

Figura 7.11 – *GRS Ring*

Uma configuração com topologia **STAR** utiliza uma **estrutura de lock** na Coupling Facility e dessa forma cada GRS mantém apenas estado **local** dos locks. Essa configuração possui diversos benefícios como: menor consumo de memória, maior disponibilidade, menor consumo de processamento e menor tempo de resposta.

A figura 7.12 ilustra uma configuração GRS STAR.

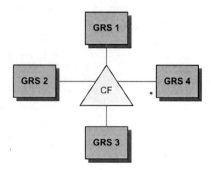

Figura 7.12 *GRS Star*

7.5.5. PARMLIB

Este capítulo visa apresentar alguns parâmetros do sistema (PARMLIB) relativos ao processamento em ambiente de parallel sysplex.

7.6.5.1. IEASYSxx

O membro **IEASYSxx** contém o parâmetro **PLEXCFG**, que pode assumir os seguintes valores:

- **PLEXCFG=MULTISYSTEM**

    Indica que esse sistema fará parte de um sysplex com múltiplos sistemas. Um membro COUPLExx deve ser especificado com os couple datasets compartilhados por todos os sistemas. Um membro CLOCKxx deve ser especificado.

- **PLEXCFG=XCFLOCAL**

    Indica que esse sistema não fará parte de um sysplex (sistema standalone). Esse sistema não possui membro COUPLExx e Couple datasets não podem ser usados.

    Funções que dependem de CDS (ex: WLM, System Logger, RRS) não estão disponíveis. Os serviços do XCF estão disponíveis nesse sistema. Manutenção (ex formatação) em CDSs está disponível.

- **PLEXCFG=MONOPLEX**

    Indica que esse é um sysplex de um sistema. Um membro COUPLExx especificando CDSs é necessário. Usado quando se deseja funcionalidades (ex: WLM) que usam CDSs.

- **PLEXCFG=ANY**
  O sistema determina o tipo de configuração (MULTISYSTEM, XCFLOCAL, MONOPLEX) baseado em outros parâmetros (ex: presença ou não de CDSs).

Outro parâmetro importante do IEASYSxx é o GRS. Esse parâmetro indica se o sistema vai participar de um complexo global de serialização e pode assumir os seguintes valores:
- GRS=STAR – Usa GRS em topologia de estrela
- GRS=JOIN, START ou TRYJOIN – Usa GRS em topologia de anel

7.6.5.2. COUPLExx

O membro COUPLExx possui o nome do sysplex, a definição dos Couple Data Sets (DATA) do sistema, as definições dos signaling path do XCF (PATHIN e PATHOUT) e as definições das transport class (CLASSDEF).

7.6.5.3. CLOCKxx

Esse membro da PARMLIB contém a definição da timezone do sistema. Possui também definições em relação ao uso do Sysplex Timer.

7.6.5.4. GRSRNLxx

O membro GRSRNL contém as exclusion, inclusion e conversion list do GRS que são especificadas no seguinte formato:
RNLDEF RNL(EXCL | INCL | CON)
  TYPE(SPECIFIC | GENERIC)
QNAME(*qname*)
  RNAME(*rname*)

7.6. Principais exploradores

- **DB2 Data Sharing**
  O DB2 é o principal sistema de gerenciamento de banco de dados relacional da IBM. O DB2 Data Sharing permite o compartilhamento de bases de dados por múltiplas instâncias de DB2, possivelmente em diferentes imagens de z/OS utilizando, para tal, estruturas de cache na CF.

- **IRLM**

  O IRLM é o gerenciador de locks para o DB2 e IMS (outro gerenciador de dados da IBM). Em um ambiente de data sharing, o IRLM é o responsável por implementar os protocolos de lock global entre os sistemas, através de estruturas de lock na CF.

- **CICSPlex Manager**

  O CICS é um dos principais gerenciadores de transação da IBM. O *CICSPlex Manager* é um componente do CICS que permite o balanceamento de carga das transações pelo parallel sysplex. O WLM coopera com o CICS informando o melhor sistema para executar uma dada transação.

- **VSAM Record Level Sharing**

  O VSAM RLS permite o compartilhamento no acesso a datasets VSAM entre diferentes imagens de z/OS com total integridade. É usado, principalmente, por aplicações CICS/VSAM.

- **JES2 Multi-Access Spool**

  O JES Multi-Access Spool é o compartilhamento do spool entre os JES2 de um parallel sysplex e permite que um job possa executar em qualquer sistema do sysplex.

- **WebSphere MQ Shared Queues**

  O WMQ é o produto de mensageria da IBM. A mensageria é usada para comunicação de aplicações através de filas de mensagens. Através das filas compartilhadas (shared queues) dois ou mais gerentes de fila podem servir a mesma fila, proporcionando uma melhor disponibilidade e distribuição de carga no sysplex. As filas compartilhadas armazenam as mensagens em estruturas de lista na CF.

7.7. Referências

ABCs of z/OS System Programming Volume 5, IBM Redbook.
MVS Programming: Sysplex Services Guide, Manual.
MVS Programming: Sysplex Services Reference, Manual.
MVS Setting Up a Sysplex, Manual.

ANOTAÇÕES

Impressão e acabamento
Gráfica da Editora Ciência Moderna Ltda.
Tel: (21) 2201-6662